Uni-Taschenbücher 675

T0233961

UTB

Eine Arbeitsgemeinschaft der Verlage

Birkhäuser Verlag Basel und Stuttgart
Wilhelm Fink Verlag München
Gustav Fischer Verlag Stuttgart
Francke Verlag München
Paul Haupt Verlag Bern und Stuttgart
Dr. Alfred Hüthig Verlag Heidelberg
Leske Verlag + Budrich GmbH Opladen
J. C. B. Mohr (Paul Siebeck) Tübingen
C. F. Müller Juristischer Verlag – R. v. Decker's Verlag Heidelberg
Quelle & Meyer Heidelberg
Ernst Reinhardt Verlag München und Basel
F. K. Schattauer Verlag Stuttgart-New York
Ferdinand Schöningh Verlag Paderborn
Dr. Dietrich Steinkopff Verlag Darmstadt
Eugen Ulmer Verlag Stuttgart
Vandenhoeck & Ruprecht in Göttingen und Zürich
Verlag Dokumentation München

Horst Werner Berg, Johannes Friedrich Diehl,
Hanns Frank

Rückstände und Verunreinigungen in Lebensmitteln

Eine Einführung für Studierende
der Medizin, Biologie, Chemie, Pharmazie
und Ernährungswissenschaft

Mit 9 Abbildungen und 19 Tabellen

Springer-Verlag Berlin Heidelberg GmbH

Dr. rer. nat. *Horst Werner Berg* (geb. 1937), Apotheker und Lebensmittelchemiker. 1960 bis 1963 Studium der Pharmazie an der Universität Tübingen.
1964/65 Ausbildung zum Lebensmittelchemiker an der Chemischen Landesuntersuchungsanstalt Stuttgart und der Universität (TH) Stuttgart.
1970 Promotion an der Universität (TH) Stuttgart. Danach Tätigkeit als Lebensmittelchemiker bei der Chemischen Landesuntersuchungsanstalt Stuttgart (Zu-
satzstoff- und Pesticid-Laboratorium).
Seit 1975 Leiter der Chemischen Landesuntersuchungsanstalt Karlsruhe. Lehrbeauftragter für das Fach Lebensmittelrecht an der Universität (TH) Karlsruhe.

Prof. Dr. rer. nat. *Johannes Friedrich Diehl* (geb. 1929), Dipl.-Chem., M. Sc.,
Studium der Chemie an den Universitäten Heidelberg und Kentucky. Acht Jahre
Forschung und Lehre auf dem Gebiet der Biochemie in USA. 1965–1975 Leiter des Instituts für Strahlentechnologie, seit 1975 Leiter des Instituts für Biochemie der Bundesforschungsanstalt für Ernährung, Karlsruhe. Honorarprofes-
sor an der Universität (TH) Karlsruhe und Lehrbeauftragter für das Fach
„Lebensmittelkunde".

Prof. Dr. rer. nat. *Hanns K. Frank* (geb. 1922), Studium der Biologie und
Mikrobiologie an der Universität München. 1966 Habilitation an der Technischen Universität München, Leiter des Instituts für Biologie der Bundesforschungsanstalt für Ernährung Karlsruhe. Apl. Professor 1967 bis 1971 an der
Universität Heidelberg, ab 1972 an der Universität (TH) Karlsruhe und Lehrbeauftragter für das Fach „Angewandte Mikrobiologie".

CIP-Kurztitelaufnahme der Deutschen Bibliothek

Berg, Horst Werner
Rückstände und Verunreinigungen in Lebensmitteln: e. Einf.
für Studierende d. Medizin, Biologie, Chemie, Pharmazie u.
Ernährungswiss./Horst Werner Berg; Johannes Friedrich Diehl;
Hanns Frank. – Darmstadt: Steinkopff 1978. –
    (Uni-Taschenbücher; 675)
ISBN 978-3-7985-0477-6   ISBN 978-3-642-72329-2 (eBook)
DOI 10.1007/978-3-642-72329-2

NE: Diehl, Johannes-Friedrich:; Frank, Hanns K.:

Einbandgestaltung: Alfred Krugmann, Stuttgart
Gebunden bei der Großbuchbinderei, Sigloch, Stuttgart

Vorwort

Pflanzen und Tiere sind nicht eigens dazu erschaffen, dem Menschen als Nahrung zu dienen. Ihre Inhaltsstoffe spiegeln ihren Eigenstoffwechsel wider, der zur Bildung von für den Menschen nicht immer harmlos wirkenden Substanzen führen kann. Weiterhin enthalten sie häufig durch ihren Standort bedingte Substanzen wie Spurenelemente und radioaktive Verbindungen, die, abhängig von ihrer Konzentration, für den Menschen nicht immer nützlich oder bedeutungslos sind. Weitere unerwünschte Bestandteile unserer Lebensmittel können Viren, Bakterien und Pilze sowie deren Stoffwechselprodukte, etwa die Organismen selbst oder ihre Toxine, sein. Durch den Zwang Pflanzenbehandlungsmittel zur Sicherstellung der Ernten und damit der Ernährung zu verwenden, finden sich in den Lebensmitteln immer wieder Reste von Pesticiden. In Lebensmitteln tierischer Herkunft können pharmakologisch wirksame Substanzen wie z.B. Antibiotika oder Tierarzneimittel in Spuren enthalten sein.

Das Thema der Kontamination von Lebensmitteln durch Standortbedingungen, durch Einwirkung von Mikroorganismen oder durch Zusätze und Rückstände hat schon Anlaß zu vielen Erörterungen gegeben, die mitunter mehr temperamentvoller als sachlicher Art waren. Es ist daher sehr zu begrüßen, daß nunmehr von sachverständiger Seite das vorliegende Material in extenso zusammengestellt und diskutiert wird. Es soll ein Beitrag zur Versachlichung der Diskussionen und zum Abbau der Angst vor dem „Gift in der Nahrung" sein.

Bad Krozingen,
Dezember 1977   Prof. Dr. rer. nat. Dr. med. *Konrad Lang*

Inhaltsverzeichnis

III. Mikroorganismen
H.K. Frank

IV. Pesticide (Pflanzenbehandlungsmittel) und pharmakologisch wirksame Stoffe als Rückstände in Lebensmitteln

H.W. Berg

I. Toxische Spurenelemente

Alle im Erdboden vorhandenen Elemente kommen in Lebensmitteln vor – wenn auch zum Teil in so geringer Konzentration, daß sie nur mit den aufwendigen Mitteln moderner Mikroanalysentechnik nachweisbar sind. Bei Konzentrationen von unter 0,01 % spricht man von „Spurenelementen". Viele Spurenelemente sind für das normale Gedeihen von Pflanze und Tier notwendig. Selbst diese „essentiellen Spurenelemente" können bei überhöhter Zufuhr schädlich wirken. Da die Toxizität immer von der Menge abhängt und ab einer gewissen Dosis praktisch alle Substanzen schädlich wirken können, ist der Begriff „toxische Spurenelemente" wenig befriedigend. Oft wird auch der Sammelbegriff „Schwermetalle" verwendet, der jedoch noch weniger zutrifft, da viele der hier interessierenden Elemente, wie Cadmium und Arsen, keine Schwermetalle sind. Im folgenden werden nur die Elemente Quecksilber, Blei und Cadmium ausführlich behandelt, deren Vorkommen in Lebensmitteln in den letzten Jahren besondere Aufmerksamkeit fand.

1. Quecksilber

1.1 Vorkommen

Quecksilberverbindungen kommen von Natur aus weitverbreitet in der Erdkruste vor. Als Staubteilchen oder gasförmig gelangen sie in die Atmosphäre und kehren mit den Niederschlägen in die Hydrosphäre und Litosphäre zurück. Durch Regenfälle werden etwa 30 000 t Quecksilber jährlich auf der Erdoberfläche verteilt. Die Ozeane enthalten schätzungsweise 70 Mio. t Quecksilber.
Menschliche Aktivitäten haben diesen Kreislauf verstärkt: das Pflügen von Ackerböden, die Produktion von Phosphaten, Zement, Ziegelsteinen und die Extraktion von Metallen aus Erzen. Steinkohle enthält bis zu 33 mg Hg/kg und man schätzt, daß allein durch die Verbrennung von Kohle 3000 t Hg jährlich in die Umwelt gelangen. Wegen seiner Eignung als Pigment wurde das Sulfiderz Zinnober in

China bereits um 1000 v. Chr. abgebaut und die Zinnoberminen von Almaden in Spanien sind seit dem 4. Jahrhundert v. Chr. in Betrieb. Die derzeitige Weltproduktion von Hg liegt bei 10 000 t/J. Nach einer Übersicht von 1969 wurden 30 % der Jahresproduktion für die Herstellung von Geräten und elektrischen Apparaturen verwendet, 26 % für Quecksilberelektroden in der Chlorgewinnung aus Natriumchlorid, 12 % in der Farbenherstellung und die verbleibenden 32 % für die Produktion von Katalysatoren für die chemische Industrie, Amalgam für die Zahnmedizin, Pestiziden für die Landwirtschaft u. a.

1.2 Toxikologische Aspekte

Während das flüssige Quecksilbermetall bei oraler Einnahme keine oder nur sehr geringe Wirksamkeit besitzt, ist die toxische Wirkung von Hg-Dämpfen, die sich schon bei Raumtemperatur aus dem Metall bilden, seit dem Altertum bekannt. Sie äußert sich vor allem in den Symptomen: Tremor (Zitterschrift), Erethismus (psychische Erregbarkeit), Stomatitis (Mundschleimhautentzündung). Die Ungefährlichkeit der sachgemäßen Verwendung von Hg-Amalgam in der Zahnheilkunde ist wiederholt überprüft und bestätigt worden.

Anorganische Quecksilberverbindungen haben unterschiedliche Giftigkeit. Kalomel, Hg_2Cl_2, wird nur sehr wenig resorbiert und wurde früher als Abführmittel, Anthelmintikum und Diuretikum viel verwendet. Das als Desinfektionsmittel und zur Syphilisbehandlung früher sehr gebräuchliche Sublimat, $HgCl_2$, ist dagegen leicht wasserlöslich und ein starkes Ätzgift. Beim Erwachsenen sind 0,2–1 g $HgCl_2$ bei einmaliger oraler Aufnahme tödlich. Die Symptome der akuten Vergiftung betreffen vor allem die Nieren- und Darmfunktion. Das Syndrom der chronischen Vergiftung entspricht dem durch Hg-Dämpfe verursachten.

Infolge ihrer hohen Lipoidlöslichkeit besitzen organische Hg-Verbindungen grundsätzlich andere pharmakokinetische Eigenschaften als anorganische. Sie werden im Darm leicht resorbiert, in roten Blutkörperchen und besonders im Zentralnervensystem gespeichert und entfalten dort ihre Haupt-Giftwirkungen. Dies gilt vor allem für die Alkyl-Hg-Verbindungen, wie Dimethylquecksilber $CH_3-Hg-CH_3$ und Verbindungen des Typs $H_3C-Hg-X$, wobei X z.B. Chlorid, Phosphat, Cyanid oder Cyanoguanidin sein kann. Derartige Verbindungen wurden als Fungizid und Saatbeizmittel viel verwendet, bis sie wegen ihrer Giftigkeit in den meisten Staaten durch die weniger bedenklichen Alkoxy-alkyl-Hg-Verbindungen oder durch Hg-freie Fungizide ersetzt wurden. Akute Vergiftungen durch organische Hg-Verbindungen sind durch Wirkungen auf das ZNS gekennzeichnet (Unruhe, Tremor, Krämpfe, Lähmung), während Symptome an Niere und Darm gering sind oder fehlen. Die chronische Intoxikation verursacht in verstärktem Maße Encephalopathie. Sie endet häufig tödlich. Da die Schäden am ZNS weitgehend irreversibel sind, bleiben nach überstandenen Vergiftungen meist schwere Lähmungen und geistige Störungen. Für Hg wie für andere „toxische Spurenelemente" gilt, daß die Toxizität stark durch die Nahrungszusammensetzung, insbesondere durch den Gehalt an sonstigen Spurenelementen und Mineralstoffen, beeinflußt wird. So haben Tierversuche gezeigt, daß eine erhöhte Selenaufnahme bis zu einem gewissen Grade gegen die schädlichen Wirkungen von $HgCl_2$ und Methyl-Hg schützt.

Soweit Vergiftungen vorgekommen sind, die nachweislich auf den Hg-Gehalt von Lebensmitteln zurückzuführen waren, handelte es sich immer um Alkylquecksilber, das entweder in gebeiztem Saatgut oder in Fischen und Muscheltieren aus kontaminierten Gewässern enthalten war. Auf der Basis von Beobachtungen an japanischen Fischerfamilien, die derartige Meerestiere über lange Zeiträume als ihre Hauptnahrung zu sich genommen hatten, wurde berechnet, daß bei einem täglichen Verzehr von 4 μg Hg (als Methyl-Hg) pro kg Körpergewicht die ersten Anzeichen einer Giftwirkung auftraten. Diese Aufnahme führte zu einem Blut-Hg-Gehalt von 0,2 μg/ml. Unter Berücksichtigung eines Sicherheitsfaktors von 1 : 10 wurde vom FAO/WHO-Sachverständigenausschuß für Lebensmittelzusatzstoffe 1972 eine „vorläufig duldbare wöchentliche Aufnahme" von 0,2 mg Hg als Methyl-Hg oder von 0,3 mg Gesamt-Hg pro Person festgesetzt (1). In Schweden konnten allerdings bei Personen, die sehr viel Fisch mit relativ hohem Gehalt an Methyl-Hg verzehrten und Blut-Hg-Werte von 0,5 μg/ml erreichten, keine Anzeichen von Vergiftung festgestellt werden. Inzwischen haben Beobachtungen an irakischen Landbewohnern, die aus gebeiztem Saatgut gebackenes Brot verzehrt hatten, ergeben, daß erst bei einem täglichen Verzehr von etwa 40 μg Hg/kg Körpergewicht, der zu einem Blut-Hg-Gehalt von 2 μg/ml führte, Schäden auftraten (2). Da Methylquecksilber embryotoxische Wirkungen hat und da einige Untersuchungen auch auf mutagene Wirkungen hindeuten, ist es trotzdem ratsam, an dem niedrigen Wert festzuhalten, den die FAO/WHO-Gruppe empfohlen hat.

1.3 Nachweismethoden

Da es sich bei dem Vorkommen von Quecksilber in Lebensmitteln um den Konzentrationsbereich von mg/kg und darunter handelt, sind außerordentlich empfindliche Analysenmethoden und besonders sorgfältiges Arbeiten erforderlich. Dabei muß berücksichtigt werden, daß Quecksilber selbst und manche seiner Salze leicht verdampfen und sich so der analytischen Erfassung entziehen. Andererseits können Glasgeräte, Laborluft, Reagenzien, ja selbst destilliertes Wasser Quecksilberspuren enthalten, die zu hohe Analysenwerte verursachen.

Kolorimetrie. Bis vor einigen Jahren war die kolorimetrische Bestimmung mittels Dithizon die Standardmethode zur Quecksilberanalyse. Die verschiedenen in der Literatur beschriebenen Ausführungen unterscheiden sich vor allem in der Art der Probenveraschung und der Entfernung von störenden Substanzen. Hauptnachteil des kolorimetrischen Quecksilbernachweises gegenüber den neueren Methoden ist die erheblich geringere Empfindlichkeit. Nur in sehr geübten Händen wird eine Erfassungsgrenze von 0,05 mg/kg erreicht.

Atom-Absorptionsspektralanalyse. Das Prinzip dieser Methode besteht in der Verdampfung des in der Probe vorhandenen Quecksilbers und der Messung seiner charakteristischen Absorptionslinien. Bei der flammenlosen oder Kaltdampfmethode liegt die Erfassungsgrenze bei 0,01 mg/kg.

Neutronenaktivierungsanalyse. Die Methode beruht auf der Messung der künstlichen Radioaktivität, die durch Bestrahlung mit Neutronen (z. B. in einem Kernreaktor) in einer Probe erzeugt wird. Enthält die Probe Quecksilber, so entstehen die Isotope ^{197}Hg, ^{199}Hg und ^{203}Hg mit Halbwertszeiten von 65 Std., 44 Min. und 47 Tagen. Durch gammaspektrometrische Messung der von diesen Radionukliden ausgesandten Strahlung lassen sich außerordentlich geringe Quecksilbermengen mit höchster Spezifität nachweisen. Konzentrationen von 0,01 mg/kg ohne vorhergehende chemische Auftrennung und von 0,001 mg/kg mit chemischer Auftrennung können noch mit großer Genauigkeit bestimmt werden. Ein weiterer Vorteil der Methode ist, daß nur das in der bestrahlten Probe vorhandene Quecksilber bestimmt wird; Fehler durch quecksilberhaltige Reagenzien oder Glaswaren können nicht auftreten, da dieses Fremdquecksilber nicht radioaktiv ist.

Isotopenverdünnungsmethode. Sie beruht auf der Messung der Abnahme der spezifischen Radioaktivität bei Zusatz einer nichtradioaktiven Probe mit unbekanntem (zu bestimmendem) Quecksilbergehalt, zu einer Probe von radioaktivem ^{203}Hg mit bekanntem Quecksilbergehalt. Die Methode vereinigt hohe Empfindlichkeit mit geringem Zeitaufwand, sie hat sich jedoch bisher erst in wenigen Laboratorien eingebürgert.

Chromatographische Methoden. Alle bisher beschriebenen Methoden haben den Nachteil, daß sie nur den Gesamt-Quecksilbergehalt der Proben bestimmen. Ob es sich im Einzelfall um anorganische Quecksilbersalze, um Methyl-, Phenyl- oder sonstige organische Quecksilberverbindungen handelt, ist für die toxikologische Beurteilung von erheblichem Interesse. Hier können nur chromatographische Methoden Auskunft geben: Papier-, Dünnschicht- und Gaschromatographie. Wegen ihrer hohen Empfindlichkeit kommt vor allem letzterer Bedeutung zu, es können noch 0,001 mg/kg Hg als Methylquecksilber bestimmt werden. Nachteilig an dieser Methode ist die Unmöglichkeit, in anorganischer Bindung vorliegendes Quecksilber mitzubestimmen.

1.4 Kontaminationswege

Der natürliche, durch die weite Verbreitung des Quecksilbers in Luft, Wasser und Erdboden bedingte Hg-Gehalt der Lebensmittel hat sich, seit vor 50 Jahren die ersten systematischen Untersuchungen durchgeführt wurden, nicht verändert. Soweit in neuerer Zeit Kontaminationsfälle mit z. T. tragischen Folgen bekannt wurden, handelte es sich um lokale Ereignisse. Zwischen 1953 und 1960 erkrankten über 100 an der Minamatabucht in Japan lebende Fischer und deren Angehörige an einem Nervenleiden, der „Minamata-Krankheit", die man zunächst für ansteckend hielt, die aber 1959 eindeutig auf den Verzehr von Fischen und Schalentieren zurückgeführt werden konnte, die einen hohen Gehalt an Methylquecksilber besaßen. Bei 19 Fällen handelte es sich um Neugeborene, die bereits im Mutterleib permanente Schäden erlitten hatten. Bis 1965 waren 41 der Erkrankten gestorben. Urheber der Quecksilberkontamination war eine chemische Fabrik, die bei der Herstellung von Azetaldehyd aus Azetylen Quecksilberoxid als Katalysator verwendete. Dabei bildete sich Methylquecksilber, das mit Abwässern in die Bucht geleitet wurde.

Meerestiere, die in der Bucht gefangen wurden, enthielten bis zu 100 mg/kg Quecksilber. Unter ähnlichen Umständen kam es 1965 in Japan zu einer zweiten derartigen Katastrophe, als am Agano-Fluß in der Niigata-Präfektur zahlreiche Personen Symptome einer Quecksilbervergiftung zeigten, von denen 22 schwer erkrankten und 5 starben.

Durch Berichte über diese Fälle in Japan aufmerksam geworden, begann man in Schweden und später auch in Kanada mit umfangreichen Untersuchungen über den Quecksilbergehalt von Fischen. In Schweden wurden hohe Hg-Werte (bis zu 9 mg/kg) vor allem in solchen Fischen gefunden, die stromabwärts von Papierfabriken gefangen wurden, in denen Phenylquecksilberverbindungen zur Unterdrückung der mikrobiellen Schleimbildung in den Papiermaschinen verwendet wurden. In Kanada festgestellte Kontaminationen stammten vor allem von Anlagen zur elektrolytischen Gewinnung von Chlor und Natronlauge aus Natriumchlorid. Die von den Regierungen ergriffenen Maßnahmen haben inzwischen zu einem deutlichen Rückgang der Hg-Verseuchung von Gewässern und Fischen in diesen Ländern geführt.

Als mit Quecksilberverbindungen gebeiztes Saatgut zur menschlichen Ernährung statt zur Aussaat verwendet wurde, kam es in den letzten 20 Jahren zu Massenerkrankungen in Irak, Pakistan, Guatemala und Ghana, von denen weit über 8000 Menschen betroffen wurden. Allein in Irak gab es über 500 Todesfälle. Aus USA wurde bekannt, daß eine Farmerfamilie nach Verzehr von Schweinefleisch an Quecksilbervergiftung erkrankt war. Das Fleisch stammte von einem hausgeschlachteten Tier, dem gebeiztes Saatgut gefüttert worden war.

1.5 Vorkommen in Lebensmitteln

Zur Ermittlung der nahrungsbedingten Quecksilberbelastung der Bevölkerung kann man den Hg-Gehalt von Einzellebensmitteln bestimmen und aus der amtlichen Lebensmittel-Verbrauchsstatistik die durchschnittliche Hg-Aufnahme berechnen. Die Ergebnisse einer derartigen Untersuchung gibt Tab. 1 wieder.

Bemerkenswert ist, daß die Produkte mit den höchsten Hg-Konzentrationen – Fisch, Innereien, Wild – wegen ihres relativ geringen Prokopfverbrauchs insgesamt nicht stärker zur Hg-Belastung beitragen als Kartoffeln und Frischobst. Pilze sind wegen ihres geringen Prokopfverbrauchs in der Tabelle nicht genannt. Sie sind jedoch im

Tab. 1   Jährliche Hg-Belastung durch einzelne Lebensmittelgruppen, unter Berücksichtigung des durchschnittlichen Verbrauchs pro Kopf der Bevölkerung (3)

Lebensmittel	Mittl. Hg-Gehalt µg/kg	Prokopf-verbrauch kg/Jahr	Jährliche Hg-Aufnahme µg
Weizenmehl	2,6	47,1	122
Roggenmehl	1,7	15,3	26
Sonstige Getreideerzeugnisse	7,8	3,9	30
Reis	4,3	1,4	6
Kartoffeln	4,4	102,0	449
Zucker	0,7	32,0	22
Gemüse	4,3	65,4	281
Frischobst	4,8	93,8	450
Trockenobst	7,4	1,1	8
Rindfleisch	3,2	21,2	68
Schweinefleisch	7,6	37,0	281
Geflügelfleisch	5,3	7,8	41
Innereien	27,8	4,6	128
Sonstiges Fleisch (Wild)	26,5	0,8	21
Trinkvollmilch	0,2	93,7	19
Vollmilchpulver	2,0	1,3	3
Käse	9,0	9,6	86
Eier	4,7	15,8	74
Butter	2,8	8,6	24
Margarine	5,3	8,9	47
Heringskonserven	41,0	2,02	83
Thunfischkonserven	366,0	0,24	88
Frischfisch	200,0	1,04	208
Frostfisch	200,0	0,70	140
Süßwasserfisch	250,0	0,20	50
Insgesamt			2750

Quecksilbergehalt den Fischen vergleichbar (3). Offensichtlich haben Pilze die Fähigkeit, nicht nur radioaktive Elemente wie ^{137}Cs (vgl. S. 30) sondern auch Quecksilberverbindungen zu akkumulieren.
Die jährliche Gesamtaufnahme von 2,75 mg (Tab. 1) bedeutet eine wöchentliche Aufnahme von 0,052 mg – also nur etwa ein Sechstel des von FAO/WHO als tolerierbar betrachteten Wertes von 0,3 mg Gesamt-Hg. Selbst bei einem Jahresverzehr von 10 kg Thunfisch, 20 kg sonstigem Fisch und 10 kg Speisepilzen würde dieser Wert nicht überschritten. In anderen Ländern durchgeführte Untersuchungen führten zu ähnlichen Ergebnissen. Dabei wurde die Hg-Aufnahme z. T. nicht über den Verbrauch an Einzellebensmitteln berech-

net sondern an Gesamtnahrung bestimmt, wie sie in Krankenhäusern, Heimschulen, Kasernen, etc. verabreicht wird. Eine 1973 in Großbritannien durchgeführte „Total Diet Study" z. B. ergab eine Gesamt-Hg-Aufnahme von 0,035–0,070 mg/Woche (4).

In Sedimenten von Flüssen und Seen sind Mikroorganismen vorhanden, die anorganisches Quecksilber in Methylquecksilber umwandeln können. So erklärt sich, daß auch Fische, die in mit Sicherheit nicht durch Industriebetriebe kontaminierten Gewässern gefangen wurden, hohe Methyl-Hg-Gehalte aufweisen können. Ältere Fische haben höhere Hg-Gehalte als jüngere, Raubfische höhere als Friedfische. In älteren Thun- und Schwertfischen werden Gesamt-Hg-Gehalte von mehreren mg/kg gefunden, davon bis zu 90 % als Methyl-Hg. Untersuchungen an Museumsexemplaren haben gezeigt, daß dies auch vor Jahrzehnten so war.

Insgesamt ist über die Art der Bindung, in der das Quecksilber in den verschiedenen Lebensmitteln vorkommt, wenig bekannt. Der als Methylquecksilber vorliegende Anteil des Gesamt-Hg scheint nur in Fischen und anderen Organismen der aquatischen Ökosphäre zu überwiegen. Durch Kochen vermindert sich der Hg-Gehalt der Lebensmittel fast nicht – vermutlich wegen fester Bindung an Proteine.

1.6 Gesetzliche Regelungen

Durch die „Trinkwasser-Verordnung" vom 31. Januar 1975 wurde ein Grenzwert von 0,004 mg Hg/l Trinkwasser festgesetzt. Die „Verordnung über Höchstmengen an Quecksilber in Fischen, Krusten-, Schalen- und Weichtieren" vom 6. Februar 1975 untersagt das Inverkehrbringen solcher Tiere, wenn diese mehr als 1 mg Quecksilber/kg enthalten. Nach der „Höchstmengenverordnung Pflanzenschutz, pflanzliche Lebensmittel" vom 5. Juni 1973 dürfen in oder auf Lebensmitteln pflanzlicher Herkunft keine quecksilberhaltigen Pflanzenschutzmittel vorhanden sein.

2. Blei

2.1 Vorkommen

Blei kommt in der Natur als Sulfid, Oxid und Karbonat vor – häufig gemeinsam mit Silber. Bereits 3000 v. Chr. wurde es in Ägypten und

Vorderasien als Nebenerzeugnis der Silbergewinnung produziert. Es wurde im Altertum für Schleudergeschosse, Schreibtafeln, Vergießen von Dübeln und — besonders von den Römern — für Wasserleitungsrohre verwendet. In neuerer Zeit kam die Verwendung in Akkumulatoren und zur Ummantelung elektrischer Kabel hinzu sowie der Einsatz von Bleiverbindungen als Pigmente, Glasuren, Antiklopfmittel in Benzin, usw. Die Weltproduktion beträgt etwa 2 Mio. t pro Jahr. Blei verdampft bereits bei 490 °C und die Verbrennung bleihaltiger Materialien wie Steinkohle erhöht den Bleigehalt der Umwelt.

In Schweden durchgeführte Untersuchungen an Moosen aus früherer Zeit ergaben eine Zunahme des Bleigehalts von 25 μg/g Trockengewicht im 10. Jahrhundert auf einen gegenwärtigen Wert von 100 μg/g. Untersuchungen an arktischen Eisschichten unterschiedlichen Alters ergaben eine starke Zunahme des Bleigehalts in den aus den letzten 20 Jahren stammenden Schichten. Dies dürfte vor allem auf die Zunahme des Verbrauchs von Antiklopfmittel-haltigen Treibstoffen im Straßenverkehr zurückzuführen sein. Inzwischen haben gesetzliche Maßnahmen die schrittweise Reduzierung des Benzinbleigehaltes erzwungen.

2.2 Toxikologische Aspekte

Die Verwendung von Bleirohren in der Trinkwasserversorgung, besonders in Gegenden mit weichem Wasser, von Bleiverbindungen in der Heilkunde (innerlich gegen Diarrhoe, äußerlich als entzündungshemmende Bleisalben und -pflaster), von Bleiacetat (= Bleizucker) zum Süßen des Weins hat in der Vergangenheit häufig zu Bleivergiftungen geführt. Wegen der schlechten Resorbierbarkeit der Bleiverbindungen waren akute Bleivergiftungen wohl immer sehr selten. Typisch für die chronische Bleivergiftung ist ihr schleichender Beginn: allgemeine Schwäche- und Mißempfindungen (Bleidyskrasie). Im fortgeschrittenen Stadium treten Anämie, Gelenkschmerzen, Koliken und Lähmungen auf. Die Mechanismen für diese Wirkungen sind weitgehend unbekannt. Aufgeklärt ist die Ursache der Anämie: Blei hemmt die δ-Amino-lävulinsäure-dehydratase und blockiert dadurch die Erythropoese. Es kommt zu vermehrter Ausscheidung von δ-Aminolävulinsäure im Harn, was zur Diagnose dienen kann. Verläßlichstes Kriterium der Bleigefährdung ist jedoch der Blutbleispiegel. Krankheitszeichen treten ab 1 μg/ml Blut auf; bei schweren Vergiftungen findet man bis 3 μg/ml. Als obere Grenze des toxikologisch unbedenklichen Konzentrationsbereichs gelten 0,7 μg/ml. Von einigen Autoren ist der Verdacht geäußert worden, daß bereits bei einem Blutbleispiegel von über 0,4 μg/ml subklinische Wirkungen, insbesondere Verhaltensstörungen bei Kindern auftreten. Abgesehen von Sondersituationen, wie z. B. in der unmittelbaren Nachbarschaft von Hüttenwerken, werden bei Erwachsenen Durchschnittswerte von 0,25 und Höchstwerte von 0,4 μg/ml gefunden, bei Kindern 0,20 bzw. 0,35 μg/ml (5). Das durch das Antiklopfmittel Bleitetraäthyl verursachte Krankheitsbild ist völlig verschieden von dem durch anorganische Pb-Salze ausgelösten. In Lebensmitteln kommen jedoch derartige organische Pb-Verbindungen nicht vor.

2.3 Nachweismethoden

Von der früher meist verwendeten kolorimetrischen (Dithizon-) Methode geht man in neuerer Zeit mehr und mehr zur Atomabsorptionsspektrophotometrie über, die in der flammenlosen (Kaltdampf-) Ausführung besonders empfindlich ist. Die Nachweisgrenze liegt bei 0,1 mg/kg Trockengewicht. Sehr sorgfältiges Arbeiten ist erforderlich, um Kontamination der Proben durch die verwendeten Reagentien, Geräte und durch die Luft zu vermeiden. Untersuchungen mit Hilfe der Photonenaktivierungsanalyse haben gezeigt, daß die in der älteren Literatur angegebenen kolorimetrisch bestimmten Werte von Pb-Gehalten in Lebensmitteln z. T. um eine Zehnerpotenz zu hoch sind.

2.4 Kontaminationswege

Aus Bleitetraäthyl entstehen bei der Verbrennung von Treibstoffen in Kraftfahrzeugmotoren Bleioxid, Bleichlorid u. a. anorganische Bleiverbindungen. Etwa die Hälfte des in den Auspuffgasen enthaltenen Bleis schlägt sich in einem Streifen von 30 m zu beiden Seiten des Verkehrsweges nieder; zu einem kleineren Teil entstehen bleisalzhaltige Aerosole, die sich weltweit verteilen. In unmittelbarer Nähe stark befahrener Straßen wachsende Pflanzen können Bleigehalte von 100 mg/kg Trockengewicht und mehr aufweisen (Abb. 1). Durch die am 1. Januar 1976 in Kraft getretene 1. Stufe eines Programms zur schrittweisen Herabsetzung des Bleigehalts von Treibstoffen wurde in der BRD ein Höchstgehalt von 0,15 g Blei/l Benzin festge-

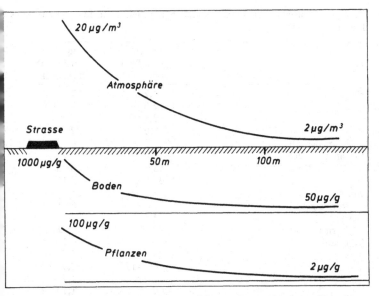

Abb. 1: Blei in Atmosphäre, Boden und Pflanzen in verschiedenen Abständen von einer stark befahrenen Straße (6).

setzt (Benzinbleigesetz). Diese Kontaminationsquelle ist seither von abnehmender Bedeutung.

Durch ein defektes Filter traten vor einigen Jahren in der Umgebung eines Hüttenwerks in Niedersachsen hohe, mit der Entfernung vom Werk abnehmende Bleigehalte im Boden, in der Vegetation und in Fleisch und Milch von weidenden Rindern auf (Tab. 2). Pflanzen und Weidetiere wurden im Umkreis von etwa 3 km von den Immissionen des Hüttenwerks erheblich geschädigt. Dafür war jedoch nicht nur das Blei verantwortlich, da auch andere Elemente wie Zink, Fluor und Kupfer immittiert wurden.

Eine häufige Kontaminationsquelle waren in der Vergangenheit bleihaltige Zinngefäße und mit bleihaltigen Glasuren gebrannte Töpferwaren, besonders wenn darin saure Speisen (Salate, Sauerkraut, Fruchtsäfte) aufbewahrt wurden. Gesetzgebung und Überwachung haben dafür gesorgt, daß derartige Fälle selten geworden sind.

Die Verwendung von Bleiarsenat als Spritzmittel im Obstbau ist schon seit längerer Zeit nicht mehr üblich.

11

Tab. 2   Bleigehalt von Futter- und Lebensmittelproben in der Nähe eines Hüttenwerks (7)

Probe	Entfernung vom Werk km	Bleigehalt mg/kg Trockensubstanz bzw. mg/l
Heu	1,2	157
	2,0	47
	2,5	51
	3,0	22
Normalgehalt	–	6–9
Entrahmte Milch	2–3	0,24
	15	0,25
	35	0,17
Weizen	4,5	21
Normalgehalt	–	2–3
Gerste	4,5	33
Normalgehalt	–	1–2
Rindsleber	0,7–3	6,2–19
	3 –6	5,9–25
	6 –12	3,0–7,0
	12 –20	1,7–3,5
	100	1,1–2,3

2.5 Vorkommen in Lebensmitteln

Die in 2.1 geschilderte Zunahme der Umweltkontamination durch Blei hat sich im Bleigehalt der Lebensmittel wenig bemerkbar gemacht. Von den in unmittelbarer Nähe von Hauptverkehrsstraßen wachsenden Pflanzen zeigen diejenigen mit großer Oberfläche (z. B. Gras, Spinat, Grünkohl) erheblich erhöhte Pb-Gehalte, während von Spelzen befreite Getreidekörner, enthülste Erbsen oder unterirdisch wachsende Produkte wie Kartoffeln und Karotten nicht oder nur wenig kontaminiert sind. Die meisten Böden halten Bleiionen sehr fest. Selbst wenn der Bleigehalt des Bodens verdoppelt oder verdreifacht wird, erhöht dies die Bleiaufnahme darauf wachsender Pflanzen meist nicht signifikant. Auch der Übergang von Pflanze zum Tier ist nicht mit einer Anreicherung verbunden (8). In einem Versuch wurden Kühe mit Heu gefüttert, das auf dem Mittelstreifen einer Autobahn geerntet worden war und 100 mg Pb/kg Trockengewicht enthielt, das ist das 50- bis 100fache des üblichen. In 5 Wochen stieg der Milchbleigehalt nur auf das 3- bis 4fache an. Verfütterung von radioaktiv markiertem Blei ergab, daß innerhalb von 6 Tagen 95 % der Dosis mit den Faeces ausgeschieden wurden, 0,2 % im Urin und

0,017% in der Milch. Das Muskelfleisch nimmt sehr wenig Blei auf, im Gegensatz zu Knochen, Leber und Nieren.
Die tägliche Gesamtnahrung von Erwachsenen in der BRD enthält etwa 120 µg Blei, oder 850 µg pro Woche (9). Das ist weniger als ein Drittel der vom FAO/WHO-Sachverständigenausschuß für Lebensmittelzusatzstoffe festgesetzten „vorläufig duldbaren Höchstmenge" von 3 mg (1). Über den Bleigehalt der Nahrung früherer Zeiten gibt es wenige Informationen. Untersuchungen an menschlichen Haaren und Knochen aus früheren Jahrhunderten haben jedoch gezeigt, daß die Bleibelastung sehr viel höher war als heute, vermutlich wegen der Verwendung von bleilässigen Glasuren, bleihaltigem Zinngeschirr und Wasserrohren aus Blei. Knochen aus dem 11.–14. Jahrhundert enthielten im Mittel 25, aus dem 17.–18. Jahrhundert 52, aus der Gegenwart 3 µg Pb/g Trockengewicht (10).

2.6 Gesetzliche Regelungen

Das „Gesetz, betreffend den Verkehr mit blei- und zinkhaltigen Gegenständen" vom 25. Juni 1887 (in der Fassung vom 2. März 1974) bestimmt u. a., daß Eß-, Trink- und Kochgeschirr sowie Flüssigkeitsmaße nicht aus Blei oder mehr als 10% Blei enthaltenden Legierungen hergestellt sein dürfen; Email oder Glasur darf bei halbstündigem Kochen mit 4%iger Essigsäure an diese kein Blei abgeben. Durch die „Trinkwasser-Verordnung" wurde ein Grenzwert von 0,04 mg Pb/l Trinkwasser festgesetzt.
Nach der „Wein-Verordnung" vom 15. Juli 1971 dürfen Wein, Traubenmost, Likörwein und weinhaltige Getränke nicht mehr als 0,3 mg Pb/l enthalten.
Nach der „Höchstmengenverordnung Pflanzenschutz, pflanzliche Lebensmittel" dürfen in oder auf Lebensmitteln pflanzlicher Herkunft keine bleihaltigen Pflanzenschutzmittel vorhanden sein.

3. Cadmium

3.1 Vorkommen

Cadmium kommt vor allem in Blei- und Zinksulfiderzen vor und fällt bei der Gewinnung dieser Elemente mit an. Die Weltproduktion beträgt etwa 14000 t pro Jahr. Hauptverwendungszwecke für Cadmium und dessen Verbindungen sind: Rostschutzmittel, Pigmente,

Stabilisatoren für Kunststoffe, Legierungen und Lote, Nickel-Cd-Akkumulatoren, Halbleiter, Photozellen. Da Cd sich chemisch ähnlich verhält wie Zink und mit diesem zusammen vorkommt, enthalten alle galvanisierten (verzinkten) Eisenbleche etwas Cd. Durch Verbrennung von Kohle und Öl werden erhebliche Cd-Emissionen frei. Durch den Cadmiumgehalt von Phosphatdünger wird Cd in der Landwirtschaft verbreitet. Tabak enthält Cd, und da Cd-Ionen in der Lunge erheblich leichter resorbiert werden als im Darm, wird aus dem Rauch von 20 Zigaretten etwa 1,5mal soviel Cd vom Körper aufgenommen wie aus der täglichen Nahrung.

3.2 Toxikologische Aspekte

Akute Cadmiumvergiftungen äußern sich durch heftige Brechdurchfälle, die bei Erwachsenen durch Dosen von > 15 mg Cd^{++} ausgelöst werden. Solche Fälle sind gelegentlich durch Verzehr saurer Speisen verursacht worden, die in Cd-haltigen Metallgefäßen aufbewahrt wurden. Lebensgefährlich sind die akuten Vergiftungen im allgemeinen nicht, da nur sehr wenig Cadmium resorbiert wird.

Bei Langzeitaufnahme geringer Mengen wird Cd vor allem in Leber und Niere gespeichert. Durch den unvermeidlichen Cd-Gehalt der Nahrung nehmen die Nieren normalerweise Cd auf, bis im Alter von 50–60 Jahren ein maximaler Gehalt von etwa 30 mg ($100 \mu g/g$) erreicht wird. Danach scheint die Speicherfähigkeit der Nieren abzunehmen. Wenn die Konzentration des Kations $200–300 \mu g/g$ Nierengewicht überschreitet, entstehen Tubulusschäden mit den hierfür typischen Symptomen Aminoacid-, Protein- und Glucosurie. Unter der Annahme, daß 5 % des aufgenommenen Cd resorbiert werden, daß die biologische Halbwertzeit in der Niere 20 Jahre beträgt und daß der Schwellenwert für Schadwirkungen bei $200 \mu g/g$ Niere liegt, wurde berechnet, daß ein Nichtraucher 50 Jahre lang $130 \mu g$ Cd^{++} täglich aufnehmen kann, ehe Nierenschäden auftreten.

Derartige Berechnungen werden allerdings infrage gestellt durch die Beobachtung, daß viele Faktoren wie Alter, Geschlecht und Ernährung die toxische Wirkung stark beeinflussen können. Zink und Kupfer wirken antagonistisch, schützen also bis zu einem gewissen Grad gegen Cd-Wirkungen, während Blei synergistisch wirkt. Der Körper besitzt einen Schutzmechanismus: bei Belastung mit Cd (oder Zn, Cu u.a.) wird die Synthese eines Proteins, Thionein, induziert, das eine außerordentlich hohe Affinität zu zweiwertigen Kationen besitzt. Anscheinend ist das in Leber und Niere an das Thionein gebundene Cd biologisch inert. Im Rattenversuch läßt sich zeigen, daß eine kleine Cd-Dosis (10 μg/kg) das Tier gegen eine 24 Std. später verabreichte massive Dosis (100 mg/kg) weitgehend schützen kann. Aufgrund von Tierversuchen ist dem Cd eine carcinogene oder cocarcinogene Wirkung zugesprochen worden. Es ist jedoch nicht erwiesen, daß Cd für den Menschen carcinogen ist. Ebenfalls aufgrund von Tierversuchen wurde die Hypothese eines kausalen Zusammenhanges zwischen Cd-Akkumulation in der Niere und Bluthochdruck aufgestellt. Untersuchungen an Hüttenarbeitern, die lange Zeit hohen Cd-Belastungen ausgesetzt waren, haben diesen Verdacht nicht bestätigt. Damit ist die Hypothese jedoch nicht endgültig widerlegt, da in diesem Fall eine gleichzeitig erhöhte Zn- und/oder Cu-Exponierung der Cd-Wirkung entgegengearbeitet haben kann.

3.3 Nachweismethoden

Statt der früher üblichen kolorimetrischen Methoden (Dithizon) wird heute die Atomabsorptionsspektrophotometrie eingesetzt. Die Nachweisgrenze liegt bei 5 μg/kg. Auch die Polarographie mit Hg-Tropfelektrode und die Neutronenaktivierungsanalyse (über ^{115}Cd) sind geeignet.

3.4 Kontaminationswege

Erhebliches Aufsehen haben Berichte aus Japan verursacht, wonach der Verzehr von Reis mit überhöhtem Cd-Gehalt für das endemische Auftreten der „Itai-Itai"-Krankheit verantwortlich war. Grubenwässer einer wegen ihres Blei-, Zink- und Cadmiumgehaltes abgebauten Mine wurden jahrelang in den Jintsu-Fluß geleitet, der zum Bewässern von Reisfeldern genutzt wurde. Zwischen 1939 und 1945 erkrankten in der am Fluß unterhalb des Bergwerks wohnenden Bevölkerung etwa 200 Personen, meist 50- bis 60jährige Frauen, die mehrere Kinder geboren hatten. Das Itai-Itai-Syndrom war charakterisiert durch heftige Schmerzen in Knochen und Gelenken, Aminoacid- und Glucosurie, hochgradige Osteomalacie und häufig tödlichen Ausgang. Dieses Krankheitsbild stimmt nicht mit dem bei eindeutiger Cd-Intoxikation beobachteten überein, zu dem die Osteomalacie nicht gehört. Versuche, das Syndrom im Tierversuch zu reproduzieren, waren vergeblich. Da nach 1955 neue Fälle von Itai-Itai nicht mehr auftraten, ist es schwierig, die Krankheit mit dem

Cd-Gehalt der Nahrung zu korrelieren, obwohl dieser zweifellos erhöht war. In den betroffenen Gebieten war in jenen Jahren die Calcium- und Vitamin-D-Zufuhr niedrig; hohe Blei- und Fluoridbelastung mag ebenfalls eine Rolle gespielt haben. Man nimmt heute an, daß nicht die Cd-Zufuhr allein, sondern andere Faktoren wie kriegsbedingte Unterernährung, häufige Schwangerschaften und das Stillen mitverantwortlich waren (11). Jedenfalls haben die Berichte über die Itai-Itai-Krankheit weltweit Besorgnis über mögliche Folgen einer wachsenden Umweltkontamination durch Cd verursacht und umfangreiche Forschungsprogramme angeregt.

Neben ungeklärten Industrieabwässern können auch stark Cd-haltige Klärschlämme, die als Dünger verwendet werden, einen erhöhten Cd-Gehalt landwirtschaftlicher Nutzpflanzen verursachen. Im Gegensatz zu den Schwermetallionen Pb^{++} und Hg^{++} werden Cadmiumionen von Pflanzen leicht aufgenommen – sowohl über Wurzeln als über Blätter. Ob mit zunehmender Industrialisierung weltweit eine meßbar zunehmende Kontamination mit Cd erfolgt ist, vergleichbar mit der Kontamination durch Pb, ist bisher umstritten.

Cadmiumlässige Bedarfsgegenstände, wie mit Cadmiumgelb-Verzierungen gebrannte Töpferwaren oder mit stark cadmiumhaltigen Legierungen überzogene Metallgefäße, haben in der Vergangenheit nicht selten zu Beanstandungen geführt – bei importiertem Steingut auch in neuerer Zeit.

3.5 Vorkommen in Lebensmitteln

In Schweineniere werden um 1,0, in Rinderniere um 0,5, in Kalbsniere um 0,25 mg Cd/kg Frischgewicht gefunden. Das Muskelfleisch enthält selten mehr als 0,05 mg/kg beim Schwein und 0,01 mg/kg beim Rind. In Austern, Muscheln und Krabben findet man z. T. über 1 mg/kg. Bei pflanzlichen Lebensmitteln liegen die Werte bei unter 0,03 mg/kg.

Von FAO/WHO wurde die „vorläufig duldbare wöchentliche Aufnahme" auf 0,4–0,5 mg/Person festgesetzt (1). Die Angaben über die tatsächliche Aufnahme variieren erheblich. Vor einigen Jahren wurden Werte von 0,3–0,6 mg pro Woche und Person angegeben. In den USA wird seit 1968 amtlich der Cd-Gehalt einer breiten Palette von Lebensmitteln stichprobenweise untersucht und aufgrund der Verbrauchsstatistik die wöchentliche Aufnahme berechnet. Der Durchschnittswert für 1974 lag bei 0,24 mg. In Großbritannien lautete 1973 das Ergebnis einer vergleichbaren Untersuchung 0,10–0,21 mg (4). Der „Ernährungsbericht 1976" der Deutschen Gesellschaft für Ernährung gibt für die Bundesrepublik den (zweifellos zu hoch geschätzten) Wert von 0,48 mg an.

3.6 Gesetzliche Regelungen

Durch die „Trinkwasser-Verordnung" wurde ein Grenzwert von 0,006 mg Cd/l Trinkwasser festgesetzt. Die „Wein-Verordnung" schreibt einen Höchstgehalt von 0,1 mg Cd in einem l Wein, Traubenmost, Likörwein und weinhaltigen Getränken vor.

Nach der „Höchstmengenverordnung Pflanzenschutz, pflanzliche Lebensmittel" dürfen in oder auf Lebensmitteln pflanzlicher Herkunft keine cadmiumhaltigen Pflanzenschutzmittel vorhanden sein.

4. Sonstige Elemente

4.1 Antimon

Die Verwendung antimonhaltiger Legierungen in der Herstellung von Metallgefäßen führte früher gelegentlich zu Vergiftungen, wenn in den Gefäßen saure Speisen aufbewahrt wurden. Aus der Verwendung von Antimonverbindungen in der Medizin, z. B. Brechweinstein als Emetikum, ist bekannt, daß bereits eine Dosis von 200 mg Sb^{3+} tödlich wirken kann. Die Symptome sind denen der Arsenvergiftung sehr ähnlich.

4.2 Arsen

Im Wein- und Obstbau wurden früher Arsenverbindungen wie Schweinfurter Grün (Kupferarsenitacetat) und Scheele's Grün (Kupferarsenit) zur Schädlingsbekämpfung viel verwendet. Nachdem es in den 20er und 30er Jahren zu zahlreichen chronischen, z. T. tödlichen Arsenvergiftungen gekommen war, wurden weniger bedenkliche Spritzmittel eingeführt. Durch die „Höchstmengen-Verordnung Pflanzenschutz, pflanzliche Lebensmittel" vom 5. Juni 1973 wurde festgesetzt, daß in oder auf Lebensmitteln pflanzlicher Herkunft keine arsenhaltigen Pflanzenschutzmittel vorkommen dürfen.

Besonders As-haltig war der früher aus dem Traubentrester mit Zukkerwasser gewonnene „Haustrunk". Es wurden Konzentrationen von bis zu 10 mg As/l festgestellt. Die Wirkungen der chronischen As-Vergiftung betreffen Leber, Zentralnervensystem, Haut („Arsenmelanose") und Schleimhäute („Arsenschnupfen", choleraähnliche Brechdurchfälle). Es wurde von vermehrt auftretendem Haut- und Bronchialkrebs berichtet („Winzerkrebs"); die ursächliche Rolle des As ist jedoch nicht gesichert, da im Tierversuch eine carcinogene Wirkung von As nicht nachweisbar ist.

Die Literaturangaben über den As-Gehalt der menschlichen Gesamtnahrung variieren sehr stark: von 0,02–1 mg/Tag. Bei der Berechnung spielt eine große Rolle, einen wie hohen Verzehr von Meerestieren man annimmt, da in diesen die höchsten Arsengehalte vorkommen. Austern können bis 10, Hummer bis 70, Muscheln bis 120 und Garnelen bis 170 mg As/kg enthalten. Im Säugetierorganismus wird As kaum gespeichert. Schweinefleisch enthält im Mittel 0,05, Rindfleisch 0,02 und Kalbfleisch weniger als 0,01 mg/kg; Gemüse, Cerealien und Kartoffeln um 0,05 mg/kg. Es handelt sich dabei um Konzentrationen, die auf das weitverbreitete natürliche Vorkommen von Arsen in der Erdkruste zurückzuführen sind. Es gibt Quellwässer, die bis zu 14 mg As/l enthalten (Dürckheimer Maxquelle).

4.3 Chrom

Als Bestandteil rostfreier Stähle und zum Verchromen ist dieses Element in der Metallindustrie von großer Bedeutung. Chromate sind Bestandteil vieler Pigmente, werden in der Gerberei verwendet und als korrosionsverhütender Zusatz zu Kühlwasser. Es gibt unter diesen Umständen viele Möglichkeiten zur Kontamination der Umwelt.

Angaben über die tägliche Chromaufnahme mit der Nahrung reichen von 5–400 μg. Dies liegt sicher zum Teil an Mängeln der Analysetechnik, z.T. aber auch an örtlich bedingten Unterschieden. Besonders bei Obst und Gemüse hängt der Gehalt stark vom Chromgehalt des Bodens und Wassers ab.

Cr^{VI} ist stark toxisch, die anderen Wertigkeitsstufen nicht. Chromat ist carcinogen. Bei Chromatarbeitern sind gehäuft Bronchialcarcinome gefunden worden. Andererseits spricht vieles dafür, daß Cr für die menschliche Ernährung essentiell ist (Glucosetoleranzfaktor).

4.4 Nickel

Epidemiologische Untersuchungen an Hüttenarbeitern, die lange Zeit den Einwirkungen von Ni-Dämpfen ausgesetzt waren, haben eine

18

erhöhte Häufigkeit von Lungen- und Nasenhöhlenkrebs ergeben. Da die Verwendung von Ni und Ni-haltigen Materialien ständig zugenommen hat, gehört Ni zu den Elementen, deren Vorhandensein in der Biosphäre erhöhte Beachtung gefunden hat. Die Verbrennung von Kohle und Erdöl ist eine Hauptquelle für Ni in der Atmosphäre. Das Vorhandensein von Ni-Spuren im Tabak trägt ebenfalls zur Inhalationsaufnahme bei. Nickellegierungen werden auch in Kochtöpfen, Pasteurisieranlagen usw. verwendet.

Bei oraler Verabreichung haben Nickelsalze eine geringe Toxizität und keine carcinogene Wirksamkeit. Die normale Ni-Aufnahme in der Nahrung beträgt 0,3–0,6 mg/Tag, nach anderen Angaben bis zu 5,5 mg. Eine zunehmende Zahl von Beobachtungen spricht dafür, daß Ni zu den essentiellen Spurenelementen gehört: Aktivierung bestimmter Enzyme, Verstärkung der Wirkung gewisser Hormone, homöostatische Regulation des Ni-Spiegels im Organismus, Mangelerscheinungen in einigen Versuchstierarten bei Verfütterung Ni-armer Diät.

4.5 Vanadium

Fossile Brennstoffe, besonders Erdöl, sind reich an Vanadium, das z. T. bei der Verbrennung in die Atmosphäre gelangt. Bei der Stahlherstellung und für viele Zwecke in der chemischen Industrie (besonders als Katalysator) wird Vanadium in großem Umfang verwendet. Lungenerkrankungen in Thomasstahlwerken werden dem V zugeschrieben. Eine carcinogene Potenz wird diskutiert, ist jedoch nicht erwiesen.

Die menschliche Nahrung enthält 0,5–4 mg V/Tag. Das Element wird in Nieren, Leber, Milz, Testes und vor allem in der Schilddrüse gespeichert (bis zu 18 mg/kg Frischgewicht). Fütterungsversuche an Ratten und Hühnern führten zu Mangelerscheinungen bei extrem V-armer Ernährung. Zulagen von 0,5 mg/kg V in Form von Natriumvanadat ergaben optimales Wachstum. Möglicherweise muß V zu den essentiellen Elementen gezählt werden.

4.6 Zinn

Die Verwendung von verzinntem Stahlblech (Weißblech) in der Konservenherstellung kann zu erhöhten Sn-Gehalten in konservierten Lebensmitteln führen, besonders wenn der Doseninhalt nach dem Öffnen längere Zeit in der Dose verbleibt. Von der deutschen Konservenindustrie werden praktisch nur noch innenlackierte Dosen verwendet, die nur unbedeutende Zinnmengen abgeben. Bei Importware gibt es jedoch auch in jüngerer Zeit Beanstandungen. Von FAO/WHO wurde eine Höchstgrenze von 250 mg/kg empfohlen. Nichtkonservierte Lebensmittel enthalten bis zu 3 mg Sn/kg und die normale tägliche Nahrungsaufnahme wird auf 3–5 mg Sn geschätzt. In nichtlackierten Dosen können gelegentlich bis 1 g/kg und wenn sie saure Fruchtsäfte enthalten, sogar 2 g/l gefunden werden. Zinnsalze sind relativ wenig toxisch, das sie schlecht resorbiert werden. Bei Aufnahme von 5–7 mg Sn/kg Körpergewicht machen sich gastrointestinale Symptome bemerkbar.

4.7 Kobalt, Kupfer, Mangan, Selen, Zink

sind essentielle Spurenelemente. Es wird auf *K. Lang* „Wasser, Mineralstoffe, Spurenelemente", UTB 341 (Darmstadt 1974), verwiesen.

Literatur

1. World Health Organization Technical Report Series Nr. 505: Evaluation of certain food additives and the contaminants mercury, lead, and cadmium (Genf 1972).
2. *M. Webb*, ed., Chemicals in Food and Environment. Brit. Med. Bull. 31 (1975).
3. *J. F. Diehl* und *R. Schelenz*, Medizin und Ernährung 12, 241 (1971); *R. Schelenz* und *J. F. Diehl*, Z. Lebensm. Unters.-Forschg. 153, 151 (1973); *R. Schelenz* und *J. F. Diehl*, ibid. 154, 160 (1974).
4. Kommission der Europ. Gemeinschaften: Probleme der Kontamination des Menschen und seiner Umwelt durch Quecksilber und Kadmium, EUR 5075 (Luxemburg 1974). Vertrieb durch Verlag Bundesanzeiger, 5 Köln 1, Postfach 108006.
5. Kommission der Europ. Gemeinschaften: Die gesundheitlichen Aspekte der Umweltverschmutzung durch Blei, EUR 5004 (Luxemburg 1973).
6. *C. C. Patterson*, Connecticut Medicine 35, 347 (1971).
7. *H. Vetter* und *R. Mählhop*, Landwirtsch. Forschg. 24, 294 (1971).
8. *G. Ter Har*, in, Lead, Environmental Quality and Safety. Supplement Volume 2 (Stuttgart 1975).
9. *B. Boppel*, Z. Lebensm. Unters.-Forschg. 158, 287 (1975).
10. *Z. Jaworowski*, Nature 217, 152 (1968).
11. *D. H. K. Lee* (Herausgeber): Metallic Contaminants in Human Health (New York 1972).
12. *D. Purves*, Trace Element Contamination of the Environment (Amsterdam 1977).

II. Radionuklide in Lebensmitteln

1. Allgemeines. Definitionen. Einheiten

Die verschiedenen Atomarten, die durch eine bestimmte Zahl von Neutronen und Protonen im Atomkern charakterisiert sind, bezeichnet man als *Nuklide*. Es gibt instabile Atome, die spontan zerfallen und dabei unter Aussendung von Strahlen, direkt oder über instabile Zwischenstufen, in stabile Atome übergehen. Man bezeichnet die instabilen Nuklide als radioaktiv, als *Radionuklide**). Alle Isotope von Elementen mit Ordnungszahlen über 83 sind instabil. Soweit sie natürlich vorkommen, gehören sie drei Zerfallsreihen an, der *Uranreihe,* die mit ^{238}U beginnt und bei dem stabilen Bleiisotop ^{206}Pb endet, der *Thoriumreihe,* deren Muttersubstanz ^{232}Th ist und die bei ^{208}Pb endet, und der *Aktiniumreihe,* die von ^{235}U ausgeht und bei einem dritten stabilen Bleiisotop, dem ^{207}Pb, endet. Außerdem gibt es einige Fälle von natürlicher Radioaktivität bei leichteren Elementen, wie ^{40}K und ^{87}Rb.

Die Untersuchung der von den Radionukliden abgegebenen Strahlung im magnetischen Feld zeigt, daß drei Strahlenarten vorkommen: Alpha- und Betastrahlen werden nach entgegengesetzten Richtungen abgelenkt, während Gammastrahlen von Magnetfeldern nicht beeinflußt werden. *Alphastrahlen* bestehen aus doppelt positiv geladenen Heliumkernen mit einer kinetischen Energie von etwa 2 bis 10 MeV. Die Eindringtiefe von Alphateilchen in pflanzliches oder tierisches Gewebe ist sehr gering — weniger als 0,1 mm. Auf dieser kurzen Strecke ist die Ionisierungsdichte jedoch sehr hoch und daher die biologische Wirksamkeit groß. *Betastrahlen* bestehen aus Elektronen, einfach negativ geladenen Teilchen mit einer kinetischen Energie von etwa 0,01 bis 12 MeV. Die Eindringtiefe in Gewebe beträgt je nach

---

*) Weniger korrekt ist es, als Sammelbegriff „radioaktive Isotope" zu verwenden. Unter *Isotopen* versteht man nur Atomarten gleicher Ordnungszahl aber verschiedener Masse. *Isobare* sind Atomarten gleicher Masse aber verschiedener Ordnungszahl.

Energie einige mm bis cm. *Gammastrahlen* sind elektromagnetische Wellen, deren Quanten eine Energie von bis zu etwa 2,7 MeV besitzen. In biologisches Gewebe dringen diese Strahlen erheblich tiefer ein als die Betastrahlen. Ihre Intensität nimmt dabei exponentiell ab, so daß sich keine bestimmte Grenze der Eindringtiefe angeben läßt. Während es die Radionuklide der drei Zerfallsreihen sowie das ^{40}K und das ^{87}Rb seit primordialen Zeiten auf der Erde gibt, entstehen einige andere Radionuklide durch Strahlenwirkung, insbesondere durch kosmische Strahlung, immer wieder neu (*induzierte Radioaktivität*). So kann radioaktiver Kohlenstoff ^{14}C durch Einwirkung kosmischer Strahlen auf den Stickstoff der Erdatmosphäre entstehen.

Neben der natürlichen Radioaktivität gibt es die vom Menschen erzeugte „künstliche" Radioaktivität. Durch Kernwaffenexplosionen sind seit 1945 Spaltprodukte des Urans und des Plutoniums in großem Umfang in die Atmosphäre und auf die Erdoberfläche gelangt. Es handelt sich um in der Mehrzahl radioaktive Isotope von 37 Elementen mit Massenzahlen von 72 bis 161. Neben diesen Spaltprodukten entstehen durch die mit der Kernspaltung und der Kernfusion („Wasserstoffbombe") verbundene starke Neutronenstrahlung zahlreiche weitere Radionuklide aus den Elementen der Luft, des Wassers, der Bombenumhüllung und des Erdbodens.

Die biologische Wirkung der von Radionukliden ausgehenden Strahlenarten beruht auf der Fähigkeit der Strahlen, im durchstrahlten Material durch Ionisierung und Radikalbildung chemische Veränderungen auszulösen. Finden diese Veränderungen in funktionell wichtigen Bestandteilen einer Zelle statt, so können *somatische Schäden* ausgelöst werden, die sich am bestrahlten Lebewesen selbst zeigen, sowie *genetische Schäden,* die sich in Nachfolgegenerationen auswirken oder die Fortpflanzung verhindern. Die Strahlenenergie kann unmittelbar durch organische Bestandteile der Zelle aufgenommen werden und diese verändern (*direkte Strahlenwirkung*), oder sie kann die Entstehung von OH-Radikalen, H-Atomen und hydratisierten Elektronen aus dem Wasser verursachen. Diese chemisch sehr reaktiven Radiolyseprodukte des Wassers können ihrerseits in vielseitiger Weise chemische Reaktionen auslösen (*indirekte Strahlenwirkung*). Die chemische und damit die biologische Wirksamkeit einer Strahlenart hängt stark davon ab, wieviel Energie pro Längeneinheit beim Durchgang durch Materie abgegeben wird. Diese Eigenschaft wird als *linearer Energietransfer* (LET) bezeichnet. In wäßrigem Medium

(Dichte 1 g/cm^3) beträgt z. B. der LET-Wert von ^{60}Co-Gammastrahlung 0,3 keV/μ, der von 5 MeV-Alphateilchen 90 keV/μ.
Die *absorbierte Strahlendosis* wird in rad gemessen.

$$1 \text{ rad} = 1000 \text{ mrad} = 100 \text{ erg/g.}$$

Vor allem in der älteren Literatur findet man die auf Grund der Bildung von Ionenpaaren durch Röntgenstrahlen in Luft definierte Einheit Röntgen (R). Die durch Absorption von 1 R Röntgenstrahlen in 1 g Luft gewonnene Energie = 86 erg.

Da die biologische Wirksamkeit einer Strahlung nicht nur von der pro Masseneinheit absorbierten Dosis abhängt, sondern auch von der Strahlenart und deren LET-Wert, hat man den Begriff der *relativen biologischen Wirksamkeit* (RBW) und das rem (von roentgen equivalent man) als Einheit der Äquivalentdosis eingeführt:

$$\text{rem} = \text{rad} \cdot \text{Bewertungsfaktor q.}$$

Für Beta- und Gammastrahlen kann im allgemeinen q = 1 gesetzt werden, d. h. rem und rad haben den gleichen numerischen Wert. Für Alphastrahlen wird meist ein Bewertungsfaktor von 10 angenommen.

Die Zeit, in der eine Anzahl instabiler Kerne auf die Hälfte absinkt, bezeichnet man als (physikalische) *Halbwertzeit* (T_p). Interessiert man sich für die Wirkung eines Radionuklids in einem biologischen Organismus, so muß man auch die biologische Halbwertzeit (T_b) berücksichtigen, also die Zeit, in der die Hälfte der applizierten Radionuklidmenge durch physiologische Vorgänge aus dem Organismus ausgeschieden wird. Die effektive Halbwertzeit (T_e) ergibt sich aus

$$T_e = \frac{T_p \cdot T_b}{T_p + T_b} \ .$$

Als Einheit der *Radioaktivität* wird das Curie (Ci) verwendet. Ursprünglich als die Radioaktivität von 1 g reinem Radium-226 definiert, entspricht 1 Ci 3,7 · 10^{10} radioaktiven Zerfällen pro Sekunde (Zps):

1 Ci	=	1000 millicurie	(mCi)	= 3,7 · 10^{10} Zps
1 mCi	=	1000 microcurie	(μCi)	= 3,7 · 10^7 Zps
1 μCi	=	1000 nanocurie	(nCi)	= 3,7 · 10^4 Zps
1 nCi	=	1000 picocurie	(pCi)	= 3,7 · 10 Zps
1 pCi	=	1000 femtocurie	(fCi)	= 3,7 · 10^{-2} Zps
1 fCi	=			3,7 · 10^{-5} Zps.

Die in biologischem Material vorhandene Radioaktivität ist meist so gering, daß sie nicht direkt, sondern nur nach chemischen Trennungsgängen und Anreicherung gemessen werden kann. Zur *Radioaktivitätsmessung* dienen heute bevorzugt Flüssigkeitsszintillationsspektrometer, Gammaspektrometer mit hochauflösenden Ge(Li)-Detektoren und für die Alphaspektrometrie Oberflächensperrschichtzähler oder Ionisationskammern. Es kann mit modernen Geräten eine außerordentlich hohe Nachweisempfindlichkeit erreicht werden. So läßt sich Tritium im Verbrennungswasser von Lebensmitteln bei Meßzeiten von 300 min bis zu einer Aktivität von 100 pCi/l Wasser herab nachweisen (1). Für ^{131}J in Milch läßt sich eine Nachweisgrenze von 0,1 pCi/l Milch erreichen, wenn man von 5 l Milch ausgeht, das Jod an einem basischen Anionenaustauscher konzentriert und Meßzeiten von 20 Stunden in Kauf nimmt (2). ^{239}Pu in Lebensmitteln kann, nach elektrolytischer Abscheidung auf Edelstahlplättchen, mit einer Nachweisgrenze von etwa 5 fCi erfaßt werden (3) — dies entspricht $9 \cdot 10^{-18}$ g Plutonium. Aus der Beziehung 1 fCi = $= 3,7 \cdot 10^{-5}$ Zps ergibt sich, daß bei 5 fCi ein einziger radioaktiver Zerfall in $1\frac{1}{2}$ Stunden zu erwarten ist. Es sind daher Meßzeiten von mehreren Tagen erforderlich, um derart geringe Plutoniumaktivitäten nachweisen zu können.

2. Natürliche Radioaktivität

2.1 Kalium-40

Alles natürlich vorkommende Kalium enthält neben den beiden stabilen Isotopen ^{39}K (93,3 %) und ^{41}K (6,7 %) zu 0,0118 % das Radionuklid ^{40}K, das die außerordentlich lange Halbwertzeit (HZ) von $1,3 \cdot 10^9$ Jahren hat. Seine Menge hat daher im Laufe der Erdgeschichte nur wenig abgenommen. Die derzeit vorhandene ^{40}K-Aktivität dürfte der Hälfte bis zu einem Viertel der zur Zeit des Präcambriums, als erste Lebensformen auf der Erde entstanden, vorhandenen Aktivität entsprechen.

Mit der Nahrung nehmen Erwachsene etwa 2–4 nCi ^{40}K täglich auf. Die 140 g Kalium im 70-kg-Standardmenschen enthalten 120 nCi ^{40}K. Das entspricht 4400 Zerfällen je Sekunde.

Da Muskelfleisch einen ziemlich konstanten Kaliumgehalt hat, während der Fettanteil des Fleisches praktisch kein Kalium enthält, kann man durch Messung der ^{40}K-Gammastrahlung die Muskelmasse im menschlichen Körper oder z. B. den Fleischgehalt von Schweine-schinken bestimmen.

2.2 Kohlenstoff-14

Neben den stabilen Isotopen ^{12}C und ^{13}C kommt in der Natur der durch Neutronen der kosmischen Strahlen aus Stickstoff entstan-dene Betastrahler ^{14}C vor, der sich mit einer HZ von 5730 Jahren wieder in Stickstoff umwandelt:

$$^{14}_{7}N + ^{1}_{0}n \rightarrow ^{14}_{6}C + ^{1}_{1}p$$

$$^{14}_{6}C \rightarrow ^{14}_{7}N + ^{0}_{-1}e$$

Jährlich werden 7–10 kg ^{14}C auf natürlichem Wege in der Erdatmo-sphäre neu gebildet und zu $^{14}CO_2$ oxydiert, das sind etwa 0,03 MCi*). Auf der Tatsache, daß alte Holzteile oder sonstige organische Stoffe, die in früheren Jahren entstanden sind, weniger ^{14}C enthalten als jüngere Materialien, beruht die Methode der ^{14}C-Datierung in der Archäologie. Da Erdöl praktisch kein ^{14}C mehr enthält, sind auf Erd-ölbasis erzeugte Stoffe frei von ^{14}C. Dies gilt auch für Industriesprit. So läßt sich die Verfälschung von Gärungsalkohol mit synthetischem Äthanol aus dem geringeren ^{14}C-Gehalt der Mischung erkennen.
Alle Lebewesen enthalten ^{14}C. In jungem biologischen Material fand man vor Beginn der Kernwaffenversuche 7 pCi ^{14}C/g Kohlen-stoff. Der 70-kg-Standardmensch enthält etwa 12,6 kg Kohlenstoff, entsprechend 88 nCi. Die tägliche Kohlenstoffaufnahme mit der Nahrung beträgt etwa 250 g, entsprechend 1,7 nCi natürlichen Radio-kohlenstoffs. Über die Zunahme des ^{14}C-Gehalts der Biosphäre durch Kernwaffenexplosionen wird weiter unten berichtet.

2.3 Tritium

Durch Einwirkung kosmischer Strahlen auf Bestandteile der Atmo-sphäre, z. B. durch die Reaktion

$$^{14}_{7}N + ^{1}_{0}n \rightarrow ^{12}_{6}C + ^{3}_{1}H$$

---

*) 1 MCi = 1 Megacurie = 1 Million Curie.

entstehen jährlich etwa 170 g Tritium (T), das sind etwa 1,6 MCi. Dieses zerfällt mit einer HZ von 12,3 Jahren unter Aussendung von β-Strahlen und Bildung des stabilen Helium-3:

$$^3_1H \rightarrow \, ^3_2He + \, ^0_{-1}e$$

In der Atmosphäre wird Tritium zu HTO oxidiert. Vor Beginn der großen Kernwaffentestserien der 50er Jahre enthielt Oberflächenwasser eine Tritiumaktivität von etwa 10 pCi/l; wird Tritiumgleichgewicht zwischen Oberflächen- und Körperwasser angenommen, so enthielten die 43 kg Wasser des 70-kg-Standardmenschen etwa 430 pCi. Berücksichtigt man auch das organisch gebundene Tritium, so ergibt sich für die damalige Situation ein Gesamtkörpergehalt von 630 pCi Tritium.

2.4 Radium-226 und Radon-222

Der Alphastrahler ^{226}Ra entsteht als Glied der Uran-Zerfallsreihe. Mit einer HZ von 1620 Jahren geht er in das ebenfalls instabile Radon-222 (HZ 3,8 Tage) über. Die tägliche Nahrung eines Erwachsenen enthält etwa 3 pCi ^{226}Ra; etwa $^3/_4$ davon werden mit Getreideerzeugnissen, Obst und Gemüse aufgenommen, $^1/_4$ mit Lebensmitteln tierischer Herkunft. Leitungswasser enthält in der Bundesrepublik 0,02–0,3 pCi/l, Wasser aus Tiefbrunnen bis zu 18 pCi/l. In Kartoffeln aus verschiedenen Gegenden der Bundesrepublik wurden 0,9 bis 6,0 pCi/kg gefunden. Wegen dieser örtlichen Unterschiede kann auch der Radiumgehalt des menschlichen Körpers recht unterschiedlich sein. Im Mittel kann man eine Alphaaktivität von etwa 40 pCi ^{226}Ra im Körper des Erwachsenen annehmen, davon 85 % im Knochengerüst.

Einen ungewöhnlich hohen ^{226}Ra-Gehalt haben Paranüsse. Dies beruht anscheinend auf einer besonders ausgeprägten Fähigkeit des im Amazonasbecken beheimateten Paranuß-Baumes, *Bertholletia excelsa,* Barium und das ihm chemisch verwandte Radium aus dem Boden anzureichern. Es werden ^{226}Ra-Gehalte von bis zu 3000 pCi je kg Paranüsse gefunden (4). Durch Verzehr solcher Nüsse kann die jährliche Aufnahme erheblich über den obengenannten Durchschnittswert von 3 pCi ansteigen.

2.5 Radium-228 und Thorium-228

Als Glieder der Thoriumzerfallsreihe entstehen aus ^{232}Th das ^{228}Ra (HZ 6,7 Jahre) und das ^{228}Th (HZ 1,9 Jahre). Beide sind in menschlichen Knochen, Trinkwasser und manchen Lebensmitteln nachgewiesen worden. Der menschliche Körper enthält etwa 50 pCi ^{228}Ra und 8 pCi ^{228}Th.

2.6 Blei-210 und Polonium-210

Als Glieder der Uran-Zerfallsreihe sind diese beiden Alphastrahler ebensoweit in der Natur verbreitet wie das ^{226}Ra. Die HZ betragen 20 Jahre bei ^{210}Pb und 138 Tage bei ^{210}Po. Die tägliche Nahrungsaufnahme liegt bei einigen pCi, der Körpergehalt des Erwachsenen bei 200 pCi ^{210}Pb und 700 pCi ^{210}Po. ^{210}Pb wird vor allem in Knochen und Zähnen abgelagert, während sich ^{210}Po mehr gleichmäßig in den Geweben verteilt. Aufgrund des Vorkommens dieser beiden Radionuklide im Tabak finden sie sich im Körper von Rauchern in erheblich höheren Konzentrationen als bei Nichtrauchern – im Skelett das Doppelte, in den Lungen das Vierfache (5).

Da arktische Flechten ^{210}Pb und ^{210}Po anreichern und da diese die Hauptnahrung der Rentiere sind, findet man relativ hohe Konzentrationen in Rentierfleisch (etwa 200 pCi ^{210}Po und 10 pCi ^{210}Pb/kg Frischgewicht). Bei Lappen, die sich hauptsächlich von Rentierfleisch ernähren, hat man eine zehnfach höhere ^{210}Pb/^{210}Po-Belastung gefunden als bei sonstigen Bevölkerungsgruppen.

3. Künstliche Radioaktivität

3.1 Radionuklide aus Kernwaffenexplosionen

Von 1945 bis zum Inkrafttreten des Kernwaffentest-Moratoriums 1963 wurden von den Vereinigten Staaten und der Sowjetunion 338 Kernwaffen in der Atmosphäre zur Explosion gebracht. Die gesamte durch Kernspaltung freigesetzte Energie entsprach zu diesem Zeitpunkt etwa 190 Mt (Megatonnen) des Sprengstoffs Trinitrotoluol (6). Die seither von Frankreich und der Volksrepublik China in der Atmosphäre gezündeten 59 Explosionen (bis Ende 1975) lagen zum großen Teil auch im Megatonnenbereich.

Von der durch eine 1-Mt-Explosion verursachten Radioaktivität sind selbst nach einem Jahr noch 5,5 MCi vorhanden. Soweit die durch Kernspaltung gebildeten Radionuklide eine sehr kurze Halbwertzeit haben, in sehr geringer Ausbeute entstehen oder in nicht resorbierbarer Form vorliegen, sind sie für die folgende Betrachtung von untergeordneter Bedeutung. Von physiologischem Interesse sind vor allem solche Elemente, die im menschlichen Organismus akkumuliert werden, wie Radiostrontium und Radiocaesium. Eine Megatonne Kernspaltungsenergie produziert etwa 0,1 MCi ^{90}Sr und 0,16 MCi ^{137}Cs. Es läßt sich daraus abschätzen, daß Atmosphäre und Erdoberfläche mit etwa 20 MCi ^{90}Sr und 32 MCi ^{137}Cs kontaminiert wurden. Die Halbwertzeiten dieser Radionuklide betragen 28 bzw. 30 Jahre. Diese Kontamination vermindert sich demnach um etwa 2 % jährlich.

Aus dem Feuerball der Nuklearexplosion, in dem die gebildeten Radionuklide zunächst gasförmig vorliegen, scheiden sich beim Abkühlen Tröpfchen ab, die zu den festen „Fallout"-Partikeln erstarren. Die Beschaffenheit dieser Partikel hängt davon ab, ob die Explosion in höheren Luftschichten stattfand oder so nah über der Erd- oder Meeresoberfläche, daß Erdboden oder Meerwasser in den Feuerball hineingesaugt wurden. Die Radioaktivität im Fallout aus atmosphärischen oder bodennahen Explosionen ist zunächst zu etwa 95 % wasserunlöslich und steht erst nach Löslichwerden durch Verwitterungsvorgänge zur Aufnahme in Pflanzen und den Blutkreislauf von Tieren zur Verfügung. In Fallout aus Explosionen nahe der Meeresoberfläche ist die Radioaktivität von vornherein zu 50 % löslich.

Man unterscheidet *lokalen Fallout* mit Partikelgrößen über 20 μ, *troposphärischen Fallout* mit Partikelgrößen von etwa 5—20 μ, der die Erde 2- bis 3mal umkreist ehe er innerhalb 10—30 Tagen ausfällt, und *stratosphärischen Fallout* mit Partikelgrößen unter 5 μ, der sich erst im Laufe von Jahren niederschlägt. Der Fallout hat sich keineswegs gleichmäßig auf der Erdoberfläche verteilt. Die Mehrzahl der Explosionen fand in der nördlichen Hemisphäre statt und die Radioaktivität wurde durch die vorherrschenden Luftbewegungen zum größten Teil in dem zwischen dem 20. und dem 70. nördlichen Breitengrad liegenden Gürtel verteilt. In regenreicheren Gebieten wurde mehr Radioaktivität abgelagert als in regenarmen — in den Küstengebieten des amerikanischen Nordostens und Nordwestens z. B. fünfmal soviel wie im trockenen Arizona. Dies hat sich in sehr unterschiedlichem Radioaktivitätsgehalt der Milch und anderer

Lebensmittel bemerkbar gemacht. Die Bodenbeschaffenheit ist ein weiterer Faktor, der die Radionuklidaufnahme in pflanzliche Lebensmittel beeinflußt. Lehmige Böden halten z. B. Radiocaesium stärker fest als sandige.

3.1.1 Caesium-137

Caesium verhält sich ähnlich wie Kalium und wird in der Natur überall mit diesem zusammen angetroffen. Die Gesamtnahrung erreichte in der Bundesrepublik 1964 einen ^{137}Cs-Gehalt von etwa 240 pCi pro Person und Tag. Inzwischen ging dieser Wert auf $^1/_{10}$ zurück (Abb. 2). Etwa je ein Viertel der Gesamtzufuhr entstammt den 3 Produktgruppen Milch und Milcherzeugnisse, Fleisch und Fleischerzeugnisse und Getreideerzeugnisse. Nachdem 1963 Monatsmittelwerte von 260 pCi ^{137}Cs/kg Milch erreicht worden waren (Abb. 3), verursachte das Teststopabkommen eine zunächst rasche, seit 1967 jedoch sehr langsame weitere Abnahme auf einen Wert von etwa 20 pCi ^{137}Cs/kg Milch.

Die Erklärung für die unterschiedliche Abnahmerate ist darin zu sehen, daß zur Zeit des Kontaminationsmaximums und in den ersten Jahren danach der überwiegende Teil der Radioaktivität unmittelbar aus dem Niederschlag auf die Oberflächen der Weidepflanzen gelangte und von hier über das Weidevieh in die Milch. Nachdem sich die Radioaktivität aus der Atmosphäre im Lauf einiger Jahre fast vollständig auf der Erdoberfläche abgesetzt hatte, spielt seit etwa 1967 überwiegend die aus dem Boden aufgenommene Radioaktivi-

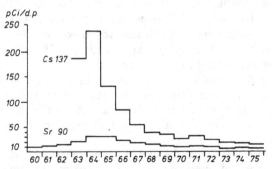

Abb. 2: Strontium-90- und Caesium-137-Aktivität der Gesamtnahrung in der Bundesrepublik (7), in pCi pro Tag (d) und Person (p).

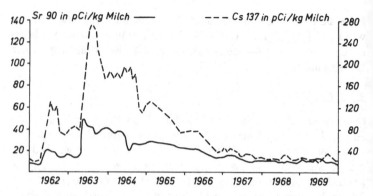

Abb. 3: Strontium-90- und Caesium-137-Gehalt der Milch in der Bundesrepublik (9)

tät eine Rolle. Der ^{137}Cs-Gehalt des Bodens vermindert sich jedoch nur langsam.

Pilze und Flechten haben eine besonders ausgeprägte Fähigkeit, Caesium aus dem Boden aufzunehmen. Die in Pilzen gemessene Aktivität hat in Mitteleuropa 1965 ein Maximum erreicht, als z. T. Werte von bis zu 49 nCi ^{137}Cs/kg Frischgewicht gemessen wurden (8). 1974 wurden noch bis zu 8,7 nCi/kg gefunden. Diese Werte liegen etwa um das Tausendfache höher als die in den entsprechenden Jahren bei Obst und Gemüse gemessenen.

In aquatischen Ökosystemen (Nahrungskette Phytoplankton → Zooplankton → Fisch) können Mineralstoffe stark angereichert werden – so auch das Caesium. In Süßwasserfischen sind die Konzentrationsfaktoren meist höher als in Meeresfischen. Im Jahre 1963 wurden in Fischen aus Binnenseen ^{137}Cs-Gehalte von einigen hundert (manchmal bis zu einigen tausend) pCi/kg gefunden. In Meeresfischen lag der Gehalt selten über 100 pCi/kg Filetgewicht.

Fleisch von Wildschweinen und Rotwild hat zehnfach höhere ^{137}Cs-Gehalte als Rindfleisch. Das hängt vermutlich damit zusammen, daß diese Tiere Pilze und Flechten verzehren. Rentierfleisch erreichte 1964 in einigen Gegenden Alaskas und Skandinaviens etwa 50 nCi ^{137}Cs/kg.

Offensichtlich unterliegen die in Abb. 2 angegebenen Durchschnittswerte für den Radiocaesium-Gehalt der Gesamtnahrung hohen individuellen Schwankungen. Die jährliche ^{137}Cs-Aufnahme kann bei

30

Liebhabern von Pilzen und Wild leicht das Doppelte des Durchschnittswertes erreichen.

Da ^{137}Cs ein Gammastrahler ist, läßt sich der Radiocaesiumgehalt des lebenden Menschen in Ganzkörperzählern messen (Tab. 3). Nachdem 1964 ein Höhepunkt erreicht wurde, mit Mittelwerten von 22 nCi bei Männern und 15 nCi bei Frauen, nahm der ^{137}Cs-Gehalt zuerst rasch, zuletzt nur noch sehr langsam ab. Bedingt durch einen hohen Anteil von Rentierfleisch in der Nahrung lag 1964 der Radiocaesiumgehalt von Eskimomännern in Alaska bei 1800 und von -frauen bei 1200 nCi.

3.1.2 Strontium-90

Strontium hat ähnliche chemische Eigenschaften wie Calcium, und alle calciumhaltigen Lebensmittel enthalten etwas Strontium, d. h. seit der Zeit der ersten Kernwaffentestserien auch den Betastrahler ^{90}Sr. Der 1962 erreichte Höhepunkt dieser Serien (77 Explosionen in der Atmosphäre in einem Jahr) machte sich mit einer Verzögerung von einigen Monaten im Radioaktivitätsgehalt der Milch bemerkbar (Abb. 3). Im Jahre 1963 wurden in der Bundesrepublik Monats-Mittelwerte von 50 pCi ^{90}Sr/kg erreicht — die Tageswerte lagen oft noch erheblich höher. Seither hat der ^{90}Sr-Gehalt der Milch auf etwa 7 pCi/kg abgenommen und sich in den letzten Jahren kaum mehr verändert. Veränderungen in der Radioaktivität der Niederschläge können sich relativ bald in entsprechenden Veränderungen der Milch bemerkbar machen, da der Weg Niederschlag → Weidepflanzen → Kuh → Milch innerhalb von Tagen durchlaufen wird. Dagegen reflektiert der Radionuklidgehalt von Brot, Kartoffelgerichten oder Fleisch Einflüsse, die ein bis zwei Jahre zurückliegen können. Der ^{90}Sr-Gehalt der Gesamtnahrung erreichte daher erst 1964/65 den Höchstwert von etwa 30 pCi pro Person und Tag (Abb. 2). Bis 1973 erfolgte ein Rückgang auf etwa 10 pCi — seither kaum eine Veränderung. Etwa 40 % hiervon stammen aus dem Verzehr von Milch und Milcherzeugnissen.

Der Körper des 70-kg-Standardmenschen enthält 0,14 g inaktives Strontium, das — wie Calcium — vor allem in den Knochen deponiert ist. Der Anstieg bis 1964 und die seitherige Abnahme des ^{90}Sr-Gehalts in Knochen von Säuglingen entspricht etwa dem Verlauf in Milch; dagegen stieg der ^{90}Sr-Gehalt in den Knochen Erwachsener weniger stark an (Tab. 3). Der 1970 ermittelte Wert von 1,2 pCi/g

Ca bedeutet, bei einem Ca-Gehalt des Körpers von etwa 1 kg, einen ^{90}Sr-Gehalt des Gesamtkörpers von 1200 pCi — und dieser Wert dürfte wegen der langen biologischen Halbwertzeit des Strontiums seither kaum abgenommen haben.

Tab. 3   Mittelwerte des Caesium-137-Gehaltes von Erwachsenen (9)

	Männer		Frauen	
	pCi ^{137}Cs/kg Körpergewicht	nCi ^{137}Cs im Körper	pCi ^{137}Cs/kg Körpergewicht	nCi ^{137}Cs im Körper
1961	48	3,7	40	2,2
1962	57	4,4	54	3,1
1963	137	10,6	138	8,0
1964	288	22,2	256	14,7
1965	233	18,0	167	9,6
1966	169	13,1	121	7,1
1967	106	8,2	76	4,1
1968	59	4,5	42	2,3
1970	29	2,3	27	1,4
1972	30	2,4	34	1,8
1974	18	1,5	18	1,0

Tab. 4   Mittelwerte des Strontium-90-Gehaltes in Knochen von Säuglingen und Erwachsenen, pCi ^{90}Sr/g Ca (10)

	Altersgruppe	
	11 Tg. – 1 Jahr	über 20 Jahre
1958	1,7	0,1
1960	2,0	0,3
1962	1,7	0,4
1964	5,4	0,8
1966	3,6	1,0
1968	2,4	0,9
1970	1,6	1,2

3.1.3 Kurzlebige Radionuklide

Die meisten der bei einer Kernspaltung entstehenden Radionuklide zerfallen innerhalb der ersten Tage oder Wochen so weitgehend, daß sie nicht mehr meßbar sind. Die zu dieser Gruppe zählenden Isotope des *Radiojods* sind von physiologischem Interesse, da sie in der Schilddrüse gespeichert werden. Ihre Strahlung wirkt dadurch, wenn auch nur für kurze Zeit, in hoher Intensität auf das Gewebe der Schilddrüse ein. Es handelt sich vor allem um den Gammastrahler ^{131}J mit einer HZ von 8 Tagen, der bei Kernspaltungsreaktionen mit der sehr hohen Ausbeute von 125 MCi/Mt entsteht. Eine Reihe weiterer Jodisotope haben HZ von weniger als 1 Tag und können daher nicht nennenswert zu einer Strahlenbelastung über die Nahrungskette beitragen. Zur Zeit der massierten Kernwaffenversuche (1962) wurden in der Bundesrepublik zum Teil Monatsmittelwerte von über 200 pCi ^{131}J/kg Milch erreicht. In der gleichen Größenordnung lagen die Kontaminationswerte bei großblättrigem Frischgemüse. In den 70er Jahren wurde als Folge der chinesischen Testexplosionen wiederholt ^{131}J in Niederschlägen festgestellt — die Mengen waren jedoch so gering, daß sie nicht zu einer nennenswerten Kontamination von Milch oder sonstigen Lebensmitteln führten.

Strontium-89 ist ein Betastrahler mit einer HZ von 51 Tagen, der bei Kernspaltungsreaktionen mit einer Ausbeute von 20 MCi/Mt entsteht. In frischen Spaltproduktgemischen ist ^{89}Sr in 200fach höherer Konzentration vorhanden als ^{90}Sr. Monatsmittelwerte des ^{89}Sr-Gehaltes von Milch erreichten 1962 bis zu 75 pCi/kg. Nach 1964 wurde ^{89}Sr nicht mehr in Lebensmitteln gefunden.

Zirkon-95 (mit seinem Tochternuklid Niob-95) gehört ebenfalls zu den in einer frischen Kernspaltungswolke in großer Menge vorhandenen Radionukliden (Ausbeute 25 MCi/Mt). Es ist ein Gammastrahler mit einer HZ von 63 Tagen. Im Körper wird es in die Knochen eingebaut. Aus Abb. 4 wird der Verlauf einer in den Wintermonaten 1969/70 beobachteten ^{95}Zr/^{95}Nb-Kontamination von in der Bundesrepublik angebautem Spinat und Grünkohl deutlich. Aus der Fallout-Zusammensetzung und der Abklinggeschwindigkeit ließ sich berechnen, daß die am 29. September 1969 in China gezündete Mt-Bombe die Ursache dieser Kontamination gewesen sein muß. Der Verlauf der Kurven hängt mit meteorologischen Gegebenheiten zusammen. Während die bei der Explosion gebildete Radioaktivitätswolke wiederholt um die Erde kreist, enthalten die Niederschläge an bestimmten Orten einmal mehr, einmal weniger Radioaktivität. Die durch einen stärker radioaktiven Regen auf einer Pflanze deponierte Aktivität kann einige Tage danach durch einen schwächer aktiven Regen wieder teilweise abgewaschen werden. Daß in diesem Fall erst einen Monat nach dem Kernwaffentest ein Anstieg der Radioaktivität feststellbar war, ist vermutlich auf die vorher herrschende Trockenperiode zurückzuführen. In anderen Fällen machte sich die aus dem

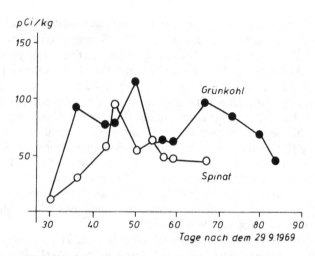

Abb. 4: Zirkon-95/Niob-95-Gehalt von Grünkohl und Spinat im Raum Karlsruhe nach dem Kernwaffentest vom 29. 9. 1969 in China, pCi/kg Frischgewicht (11)

zentralasiatischen Raum kommende Radioaktivität bereits nach 1–2 Wochen bemerkbar.

3.1.4 Radionuklide aus Kernfusionsreaktionen

Während es sich bei den bisher behandelten künstlich erzeugten Radionukliden um Produkte von Kernspaltungsreaktionen handelt, verursacht die Neutronenstrahlung, die bei Kernwaffenexplosionen — insbesondere bei Fusionswaffen (= Thermonuklearwaffen) — entsteht, die Bildung weiterer Radionuklide, von denen besonders *Kohlenstoff-14* und *Tritium* von Interesse sind.

Die ^{14}C-Konzentration des CO_2 in der Troposphäre hat sich von der Zeit vor den Kernwaffenversuchen bis 1964 etwa verdoppelt. Seither hat sie schneller abgenommen als der Halbwertzeit des ^{14}C von 5730 Jahren entspricht. Dies ist auf allmählichen Austausch mit dem CO_2 der Ozeane und mit Karbonatgesteinen zurückzuführen.

Die in ständig steigendem Ausmaß erfolgende Verbrennung fossiler — also ^{14}C-freier — Brennstoffe trägt ebenfalls zur Verringerung der ^{14}C-Konzentration der Troposphäre bei. Der durch den Einbau des $^{14}CO_2$ in pflanzliche Lebensmittel und durch den Übergang mit diesen in die Tierwelt verursachte ^{14}C-Gehalt in der Nahrung des Menschen entspricht mit einer Verzögerungsphase von 1–2 Jahren derjenigen der Troposphäre. Ergebnisse eines 1965 in den USA begonnenen Programms zur Überwachung des ^{14}C-Gehaltes von Gesamtnahrung und Milch gibt Tab. 5 wieder.

Tab. 5   Jahresmittelwerte der Kohlenstoff-14-Gehalte von Lebensmitteln, pCi/kg (12)

	Gesamtnahrung	Milch
1965	1120	570
1966	1150	583
1967	1230	625
1968	1095	525
1969	1010	495
1970	855	450
1971	775	410
1972	725	465
1973	670	490

Bis zum Moratorium von 1963 wurden durch Kernwaffenexplosionen etwa 1700 MCi Tritium in die Atmosphäre abgegeben. Das ist mehr als das 50fache des Schätzwertes für die natürliche Gleichgewichtsmenge von 28 MCi.
Der Tritiumgehalt in Oberflächenwasser stieg von der natürlichen Konzentration von etwa 10 pCi/l bis 1963 auf etwa 7000 pCi/l an. Im Regenwasser wurden 1963 in der Bundesrepublik zum Teil Tritiumkonzentrationen von über 10 000 pCi/l gemessen. Bis 1974 ging die Konzentration im Oberflächenwasser auf etwa 500 pCi/l zurück. Wasser aus Tiefbrunnen enthält z. T. 10 pCi/l oder noch weniger.
Die im Verbrennungswasser von Lebensmitteln gefundene Tritiumkonzentration liegt meist im Bereich von 500–1000 pCi/l. Mit Trinkwasser und dem Wasseranteil von Lebensmitteln aufgenommenes Tritium wird rasch mit dem Körperwasser des Menschen ausgetauscht. In organischen Molekülen wird der Wasserstoff von OH-, SH- und NH-Gruppen verhältnismäßig leicht durch Tritium ersetzt. Dagegen ist die Bindung von Wasserstoff an Kohlenstoffatome viel stabiler; ein entsprechender Wasserstoff-Tritium-Austausch findet im wesentlichen nur über enzymkatalysierte Reaktionen statt. Nach einer stoßweisen Tritiumexponierung hat daher zunächst das Körperwasser einen viel höheren Tritiumgehalt als die organische Substanz. Eine Tritiumkonzentration von 500 pCi/l Wasser entspricht 4,5 pCi/g Wasserstoff. Geht man davon aus, daß nicht nur der im Wasser, sondern

auch der organisch gebundene Wasserstoff im menschlichen Körper ein Gleichgewicht mit der ^{3}H-Konzentration des Oberflächenwassers erreicht hat, so ergibt sich für den 70-kg-Standardmenschen (7000 g Wasserstoff) ein Körpergehalt von 31 nCi Tritium. In Gebieten, in denen das Trinkwasser nicht aus Oberflächenwasser sondern aus Grundwasser oder Tiefbrunnen stammt, ist mit entsprechend niedrigeren Werten zu rechnen.

3.1.5 Radionuklide des spaltbaren Materials

Bei der Explosion von Kernspaltungswaffen wird zwar der größte Teil des Uran-235 oder Plutonium-239 gespalten − Reste finden sich jedoch im Fallout. ^{235}U kommt als natürlicher Bestandteil (0,72 %) des Urans im Boden vor und wird für die Kernwaffenherstellung angereichert. Es ist ein α-Strahler mit sehr langer HZ ($7 \cdot 10^8$ Jahre).

Der α-Strahler ^{239}Pu (HZ $2,4 \cdot 10^4$ Jahre) entsteht durch Neutronenbestrahlung des natürlichen ^{238}U in thermischen Reaktoren. Er ist nicht nur durch den Fallout von Kernwaffenexplosionen, sondern auch durch Unglücksfälle (Brand in Plutoniumerzeugungsanlage, Absturz von Kernwaffenträgern) in die Umwelt gelangt. Der Plutoniumgehalt von Lebensmitteln und Trinkwasser liegt an der Grenze der Nachweisbarkeit. Die Aufnahme mit der Gesamtnahrung beträgt etwa 10 fCi/Tag; wegen der geringen Löslichkeit des Plutoniums erreichen aber nur 10^{-4} fCi/Tag den Blutkreislauf. Die höchste Plutoniumkonzentration im menschlichen Körper, etwa 1 pCi/kg, findet man in der Leber.

3.2 Radionuklide aus friedlicher Kernenergienutzung

Im Vergleich zur natürlichen Radioaktivität und der durch Kernwaffenversuche freigesetzten ist die bisher durch den Betrieb von kerntechnischen Anlagen in die Umwelt gelangte Radioaktivität gering. Ein Reaktorunfall, durch den bedenkliche Radionuklidmengen freigesetzt wurden, ereignete sich 1957 in Windscale in England. Dieser Unfall sollte eigentlich nicht unter der Überschrift „friedliche Kernenergienutzung" erwähnt werden, da er sich nicht in einem Kernkraftwerk, sondern in einem Reaktor zur Gewinnung von Plutonium für militärische Zwecke ereignete. Prinzipiell sind ähnliche Unfälle auch in einem zur Elektrizitätsgewinnung bestimmten Reaktor möglich − wenn auch sehr unwahrscheinlich. Bei dem Windscale-Unfall wurden 20 MCi Jod-131, 12 MCi Tellur-132, 600 Ci Caesium-137 und 80 Ci Strontium-89 frei, und einige Wochen lang mußte die in einem Gebiet von etwa 500 km^2 Fläche produzierte Milch, in der der ^{131}J-Gehalt 0,1 μCi/l überschritt, vernichtet werden. Es wurden Werte von bis zu 1,4 μCi/l gemessen. In anderen Lebensmitteln wurden keine nennenswert erhöhten Radionuklidgehalte gefunden. Ein im Auftrag der Regierung durch den Medizinischen Forschungsrat eingesetzter Untersuchungsausschuß kam zu dem Ergebnis, es sei „im höchsten Maße unwahrscheinlich", daß durch den Unfall irgendjemand gesundheitlichen Schaden erlitt.

Auch der Normalbetrieb von Kernreaktoren trägt zum Radioaktivitätsgehalt der Biosphäre bei. Durch die Kernkraftwerke und die Kernforschungszentren in der Bundesrepublik wurden 1974 etwa 145 MCi in Abluft und Abwässer abgegeben – über 90 % hiervon in Form von Edelgasen wie Krypton-85, die in den Stoffwechsel von Pflanzen und Tieren keinen Eingang finden. Im gleichen Jahr wurden 1800 Ci Tritium in die Luft und 1400 Ci in Abwasser abgegeben (9). Durch den Betrieb von Wiederaufbereitungsanlagen dürfte sich die Tritiumfreisetzung in Zukunft noch erheblich verstärken. Man rechnet damit, daß bis zum Jahre 2000 durch den Betrieb von Kernenergieanlagen 100 MCi Tritium zusätzlich in die Biosphäre gelangen werden, und daß letztlich bei einem Weltinventar von 250 MCi ein Gleichgewichtszustand erreicht wird. Das ist das 9fache des natürlichen Inventars von 28 MCi – andererseits nur $^1/_7$ der durch die Kernwaffenversuche bis 1963 erzeugten Tritiummenge. Jedenfalls machen diese Zahlen klar, daß auch nach dem weitgehenden Abklingen der durch die Kernwaffenversuche produzierten Radionuklide das Netz der Überwachungsstationen für die Radioaktivität in Luft, Wasser und Lebensmitteln erhalten bleiben muß, damit sich anbahnende Gefahren rechtzeitig erkannt werden können.

4. Strahlenbelastung durch inkorporierte Radionuklide

Zur Beurteilung der möglichen Gesundheitsgefährdung durch inkorporierte Radionuklide müssen neben der gemessenen Radioaktivität auch die Art und Energie der Strahlung, die Verteilung in Geweben und die effektive Halbwertzeit berücksichtigt werden. Aus solchen

Überlegungen ergeben sich die in Tab. 6 angegebenen Werte für die Strahlenbelastung.

Der für die Strahlenwirkung natürlicher inkorporierter Radionuklide angegebene Wert von 21 mrad/J. wird hauptsächlich durch ^{40}K verursacht. Auf Gonaden und anderes weiches Gewebe bezogen liegt der auf ^{40}K zurückzuführende Anteil bei 90%, also 19 mrad. Der natürliche Kohlenstoff-14 trägt zur jährlichen Strahlenbelastung knapp 1 mrad bei. Der Anteil der Alphastrahler der Uran- und Thoriumzerfallsreihen liegt bei 0,7 mrad — um ein Mehrfaches höher, wenn auf die Knochendosis bezogen. Drückt man die Strahlenbelastung nicht in mrad sondern in mrem aus, so ergibt sich unter Anwendung des Faktors 10 für α-Strahler eine Gonadendosis von 27 mrem/J. (davon 25% durch α-Strahler) und eine Knochendosis von 50–90 mrem (davon 70–90% durch α-Strahler) — je nachdem, ob man die Berechnung auf die Oberfläche von Trabecularknochen oder auf die Osteocyten von Corticalknochen bezieht.

Der in Tab. 6 für inkorporierte Radionuklide aus Kernwaffenversuchen angegebene Wert von < 1 mrad/J. entfällt etwa zur Hälfte auf ^{137}Cs. Die andere Hälfte wird von ^{90}Sr und von dem künstlich erzeugten ^{14}C und Tritium beigetragen. Für den 1964 beobachteten Höchstwert des ^{137}Cs im Körper wurde eine Belastung von 3,5 mrad/J. berechnet. Alle diese Angaben beziehen sich auf Erwachsene. Für Anfang der 60er Jahre geborene Kinder ergab sich insbesondere durch die damals in Milch in größeren Mengen vorhandenen Radionuklide wie ^{90}Sr und ^{131}J eine höhere Strahlenbelastung als für Erwachsene.

Aus den Angaben in Tab. 6 wird offensichtlich, daß die Strahlenbelastung durch inkorporierte Radionuklide nur wenig mehr als 10% zur gesamten Strahlenexposition beiträgt. Durch eine Wiederaufnahme atmosphärischer Kernwaffenversuche in großem Umfang oder durch einen nuklearen Konflikt würde sich dieses Verhältnis eher noch mehr zur äußeren Strahlenbelastung verschieben, zu einer Relation von 95 : 5. Eine Ausnahme von dieser Regel würde sich allerdings für Kleinkinder ergeben, wenn diese hauptsächlich mit von Weidekühen stammender und entsprechend stark ^{131}J-haltiger Frischmilch versorgt würden (13). Zu Beginn der 60er Jahre, also zum Höhepunkt der Kernwaffenversuchsserien, betrug die jährliche Schilddrüsendosis von Kleinkindern in der nördlichen Hemisphäre 100 mrad.

Tab. 6   Strahlenexposition (Gonadendosis) des Menschen in der Bundesrepublik Deutschland, Stand 1975, in mrad/Jahr

1.	Strahlenwirkung von außen		
1.1	Natürliche Strahlenexposition		
1.1.1	durch kosmische Strahlung in Meereshöhe	30	
1.1.2	durch terrestrische Strahlung	<u>60</u>	90
1.2	Künstliche Strahlenexposition		
1.2.1	durch kerntechnische Anlagen	<1	
1.2.2	durch Verwendung radioaktiver Stoffe und ionisierender Strahlung in Forschung und Technik	<2	
1.2.3	durch Anwendung ionisierender Strahlung in der Medizin	50	
1.2.4	durch Radionuklide aus Kernwaffenversuchen	<u><8</u>	60
2.	Strahlenwirkung durch inkorporierte Radionuklide		
2.1	durch natürlich vorkommende Radionuklide	21	
2.2	durch Radionuklide aus Kernwaffenversuchen	<1	
2.3	durch Verwendung von Radionukliden in der Nuklearmedizin	<u>0,5</u>	<u>22</u>
			172

Die Gesamtstrahlenbelastung bis zum Jahr 2000 durch inkorporierte Spaltprodukte außer Jod-131 wird auf 43 mrad (Gonadendosis) bzw. 104 mrad (Knochenmarkdosis) geschätzt (14).

Im Einzelfall kann die Strahlenbelastung stark von den Durchschnittswerten der Tab. 6 abweichen. Offensichtlich kann insbesondere die Exposition durch medizinische Strahlenanwendung entweder bei 0 oder sehr viel höher als 50 mrad/J. liegen. Dagegen kann der Anteil kosmischer und terrestrischer Strahlung kaum niedriger, wohl dagegen erheblich höher sein. Bei einem Aufenthalt in 1500 m Höhe ist die Belastung durch kosmische Strahlung fast doppelt so hoch wie in Meereshöhe. In Gebieten mit erhöhten Gehalten von Elementen der Uran-, Thorium- und Aktinium-Zerfallsreihen im Erdboden kann die terrestrische Strahlung viel höher liegen als 60 mrad/ J. – z.B. in Kerala und Madras (Indien) und in bestimmten Gebieten Brasiliens um den Faktor 10. In der Bundesrepublik werden über Kalkböden um 50 mrad/J. gemessen, über Granit und Gneis gebietsweise das Vierfache. Je nach dem Radium-, Thorium- und Kaliumgehalt des Baumaterials ist die Strahlenbelastung in Häusern sehr unterschiedlich. Im Vergleich zu Holzhäusern kann das Wohnen in Natursteinhäusern eine zusätzliche Strahlenbelastung von 80 mrad/J. mit sich bringen.

Aber auch die Belastung durch inkorporierte Radionuklide kann sich, als Folge einer bestimmten Ernährungsweise, erheblich stärker bemerkbar machen als in Tab. 6 angegeben – wenn auch nur in Ausnahmefällen der von künstlichen Radionukliden herrührende Expositionsanteil an den von ^{40}K herrührenden heranreicht oder ihn gar übertrifft. Auf die besondere Situation der Lappen und Eskimos wurde bereits hingewiesen. Die erhöhte ^{210}Po-Zufuhr durch Verzehr von Rentierfleisch bewirkt eine Gewebedosis von 7 mrad/J., d.h. bei Berücksichtigung des Qualitätsfaktors von 10 für α-Strahler 70 mrem/J. (15). Die erhöhte ^{137}Cs-Belastung dieser Bevölkerungsgruppe verursachte 1964 eine Gesamtkörperbelastung von etwa 20 mrad/J. im hohen Norden Lapplands sogar 100 mrad.

Weder bei dieser Bevölkerung noch bei der von Kerala hat man bisher eine erhöhte Häufigkeit von Krebs oder anderen auf Strahlenwirkung zurückführbaren Krankheiten festgestellt. Zu dem gleichen Ergebnis führte eine Untersuchung in der Schweiz, die der Frage galt, ob die verstärkte Strahlenbelastung der in hohen Alpenregionen wohnenden Bevölkerung ein erhöhtes Gesundheitsrisiko bedeutet. Dies ist nicht überraschend, da nach allen heutigen Kenntnissen das durch eine Verdoppelung der natürlichen Strahlenexposition (also von etwa 110 auf 220 mrad/J.) verursachte zusätzliche Strahlenrisiko auch im ungünstigsten Fall nicht mehr als 4 zusätzliche Krebstodesfälle pro Jahr in einer Bevölkerung von 1 Mio. Menschen erwarten läßt. Die spontane Krebshäufigkeit liegt bei 2350 Todesfällen/Jahr · 10^6 Personen – eine Zunahme auf 2354 Fälle wäre nicht erfaßbar (16).

Soweit gesicherte Erfahrungen über die Strahlenwirkung auf den Menschen vorliegen, handelt es sich um Fälle, bei denen die Strahlenbelastung im Bereich von über 100 rad lag und diese Dosis in einer oder in einigen Expositionen erreicht wurde. Aussagen über die mögliche Wirkung der Dauerexposition mit im Bereich von mrad/J. liegenden Dosen beruhen daher auf ungesicherten Extrapolationen. Unter dem obengenannten „ungünstigsten Fall" ist die Annahme zu verstehen, daß zwischen Strahlendosis und Strahlenwirkung auch im niedrigsten Dosisbereich eine lineare Beziehung besteht. Vieles spricht jedoch dafür, daß die Körperzellen in der Lage sind, Strahlenschäden in gewissem Umfang zu reparieren, und daß es daher Dosis-Schwellenwerte gibt, unterhalb derer sich Strahlenschäden gar nicht oder nicht in linearer Abhängigkeit von der Dosis auswirken.

Da die Strahlenbelastung durch inkorporierte Radionuklide weniger als ein Fünftel der gesamten natürlichen Strahlenbelastung ausmacht, ist nach heutigem Kenntnisstand auch bei Ernährungsweisen, die eine Erhöhung der durch inkorporierte Radionuklide verursachten Belastung auf ein Mehrfaches mit sich bringen, eine erkennbare Beeinträchtigung des Gesundheitszustandes sehr unwahrscheinlich.

Verfechter der Anwendung von radioaktiven Heilwässern und Radonkuren vertreten die Ansicht, daß niedrige Strahlendosen gesundheitsförderlich seien. Es ist lange bekannt, daß Streßfaktoren physikalischer Art (wie Hitze, Kälte, ionisierende Strahlen) oder chemischer Art (Schwermetallsalze, Antibiotica u. a.) bei genügend niedriger Dosierung das Wachstum von Mikroorganismen stimulieren – ein Phänomen, das man als Hormesis bezeichnet. Manche Ergebnisse deuten daraufhin, daß es derartige hormetische Wirkungen auch bei höheren Lebewesen gibt. Die Hormologie nach *Luckey* stützt sich vor allem auf beobachtete stimulierende Wirkungen, die durch geringe Dosen von Strahlen oder Schwermetallsalzen ausgelöst werden (17).

5. Gesetzliche Regelungen, Überwachung

Die Radioaktivität in Lebensmitteln und in Trinkwasser (ebenso wie in Luft, Regenwasser und Bodenproben) wird durch ein Netz amtlicher Meß- und Leitstellen überwacht. Die Ergebnisse dieser Untersuchungen werden in Jahresberichten zusammengefaßt (7), die der Öffentlichkeit zur Verfügung stehen.

Nach § 9 des Lebensmittel- und Bedarfsgegenständegesetzes ist der Bundesminister für Jugend, Familie und Gesundheit ermächtigt, durch Rechtsverordnung mit Zustimmung des Bundesrates, soweit es erforderlich ist, um eine Gefährdung der Gesundheit durch Lebensmittel zu verhüten, das Inverkehrbringen von Lebensmitteln, die einer Einwirkung durch radioaktive Stoffe oder durch Verunreinigungen der Luft, des Wassers oder des Bodens ausgesetzt waren, zu verbieten oder zu beschränken. Das Gesetz legt nicht fest, ab welchem Radioaktivitätsgehalt entsprechende Maßnahmen zu ergreifen sind. Auf S. 37 wurde erwähnt, daß die britische Regierung nach dem Windscale-Unfall Milch, deren Jod-131-Gehalt 0,1 μCi/l überstieg, vernichten ließ. Entsprechende Fälle sind in der Bundesrepublik bisher nicht vorgekommen.

Literatur

1. *Mlinko, S., E. Fischer* und *J. F. Diehl,* Z. Anal. Chem. **272,** 280 (1974).
2. *Wiechen, A.,* Ernährungs-Umschau **22,** 326 (1975).
3. *Frindik, O.* und *J. F. Diehl,* Dtsch. Lebensm.-Rundschau **71,** 100 (1975).
4. *Mayneord, W. V., J. M. Radley* und *R. C. Turner,* Strahlentherapie 110, 431 (1959); *Penna-Franca, E.* et al., Health Physics **14,** 95 (1968).
5. *Holtzmann, R. B.* und *F. H. Ilcewicz,* Science **153,** 1259 (1966).
6. *Eisenbud, M.,* Environmental Radioactivity, 2. Aufl., S. 328 (New York 1973).
7. Bundesminister des Innern, Umweltradioaktivität und Strahlenbelastung, Jahresbericht 1975.
8. *Rohleder, K.,* Dtsch. Lebensm.-Rundschau **63,** 135 (1967).
9. Bundesminister des Innern, Umweltradioaktivität und Strahlenbelastung, Jahresbericht 1974, S. 68 und 106. Vertrieb durch Referat Öffentlichkeitsarbeit des BMI.
10. Bundesminister für Bildung und Wissenschaft, Umweltradioaktivität und Strahlenbelastung, Jahresbericht 1971, S. 100 (München 1971).
11. *Schelenz, R.,* Kontamination und Dekontamination von Lebensmitteln, Hrsg. Land- und Hauswirtschaftl. Auswertungs- und Informationsdienst e. V., S. 31 (Bonn–Bad Godesberg, 1974).
12. Office of Radiation Programs, Environmental Protection Agency, Radiation Data and Reports **14,** 679 (1973).
13. *Diehl, J. F.,* Katastrophenmedizin **6,** 52 (1970).
14. United Nations Scientific Committee on the Effects of Atomic Radiation, Ionizing Radiation: Levels and Effects, Bd. 1, S. 95 (New York 1972).
15. *Kauranen, P.* und *J. K. Miettinen,* Health Physics **16,** 287 (1969); *Gustafsson, M.,* Health Physics **17,** 19 (1969).
16. *Jacobi, W.,* Die natürliche Strahlenexposition des Menschen, Hrsg. *K. Aurand* et al., S. 170 (Stuttgart 1974).
17. *Luckey, T. D., B. Venugopal* and *D. Hutcheson,* Heavy Metal Toxicity, Safety and Hormology (Stuttgart 1975).

III. Mikroorganismen

1. Natürliches Vorkommen und Charakteristik

Mikroorganismen sind allgegenwärtig; sie haben alle Lebensräume der Erdoberfläche besiedelt und können sich in den meisten Biotopen vermehren. Wo die Vermehrung nicht möglich ist, etwa im Eis der Gletscher, in den Sedimenten der Tiefsee oder in der Luft, findet man sie im Ruhezustand in wechselnder Zahl, aber sie sind auch hier immer vorhanden.

Im Stoffhaushalt der Natur obliegt den Mikroorganismen das „recycling" der organischen Materie (Pflanzenteile, Faeces, Leichen usw.). Sie sind fast ausnahmslos heterotroph und benötigen zu ihrer Ernährung daher energiereiche Substanzen, zu welchen auch unsere Nahrungsmittel zählen, die sie „mineralisieren" und damit wieder in eine, für autotrophe Pflanzen assimilierbare Form überführen. Im Erdboden sind sie daher zahlenmäßig wie auch artmäßig besonders reichlich zu finden.

1.1 Bakterien, Pilze, Viren

Als unerwünschte Bestandteile von Lebensmitteln sind vor allem Bakterien und Pilze, zu denen auch die Hefen gerechnet werden, zu betrachten, da sie ohne geeignete Gegenmaßnahmen den raschen Verderb verursachen, einige wenige Arten sind darüber hinaus Lebensmittelvergifter. Für manche Viren können Nahrungsmittel oder Wasser „Vehikel" sein (3, 17, 19).

1.1.1 Bakterien

Bakterien (1) sind einzellige Procarionten, die sich durch Zweiteilung vermehren. Kugelige Formen haben einen Durchmesser von etwa 1 μm, stäbchenförmige erreichen eine Länge von 10 μm. Manche Arten sind aktiv beweglich, manche besitzen Schleimkapseln aus Polysacchariden als Schutz, einige wenige bilden Endosporen als Dauerformen, mit deren Hilfe sie Trockenheit, Hitze, extreme osmotische Verhältnisse und andere ungünstige Lebensumstände gut überdauern können. Diese Arten, vor allem aus den Gattungen *Bacillus* und *Clostridium*, spielen bei Lebensmitteln eine besondere, im allgemeinen unerwünschte Rolle.

Die Sporenbildung wird eingeleitet, wenn die Lebensbedingungen schlecht werden, z. B. beim langsamen Austrocknen oder bei starker Verdünnung des Nährsubstrates nach dem Spülen mit Leitungswasser. Zur Ausbildung von Sporen werden mehrere Stunden benötigt; Kühlung verlangsamt diesen Vorgang erheblich und Gefrieren verhindert ihn.

In manchen Fällen sind Bakterien erwünschte, essentielle Bestandteile von Lebensmitteln, die meist als Reinkulturen in Mengen von mindestens 10^6/ml oder g dem Ausgangsprodukt zugesetzt werden; durch ihre Stoffwechselprodukte, z. B. Milchsäure, entsteht ein Erzeugnis, das haltbarer als das Rohmaterial ist (z. B. Sauermilchprodukte, Käse). Manchmal nützt man aber auch die natürliche Flora zur Fermentation aus, etwa zur Herstellung von Sauerkraut, Rohwürsten, Kakao oder Kaffee u. a. m. (2).

Tab. 7 Bakterienzahlen einiger Lebensmittel, Küchengegenstände und an den Händen (Normalwerte).

	Gesamtkeimzahl pro 10 cm²
Kopfsalat (ungewaschen)	10 000 bis 1 000 000
Kopfsalat (gewaschen)	1 000 bis 100 000
Frische Erdbeere	1 000 bis 1 000 000
Schweinefleisch (frisch)	~100 000
Schweinefleisch (abgehangen)	~ 100 000 000
Waagschale (Metzgerei)	750 bis 4 000
Küchentisch	> 300
Küchenbesteck (sauber)	10 bis > 250
Handunterseite (gewaschen)	10 bis > 250
	Gesamtkeimzahl pro g bzw. ml
Tatar (mit Ei und Gewürzen) im Restaurant	100 000 bis 30 000 000
Leberwurst (auf Brötchen)	~ 500 000
Italienischer Salat (hausgemacht)	~3 000 000
Zwiebeln (gehackt)	~ 20 000
Pfeffer (gemahlen)	30 000 bis 1 000 000
Trinkmilch (pasteurisiert)	bis 10 000

Die natürliche Kontamination einzelner Nahrungsmittel ist unterschiedlich, wie Tab. 7 zeigt. Früchte, Fleisch, Eier, Kartoffeln sind im Innern praktisch keimfrei. Die Oberfläche ist aber, je nach Behandlung, mehr oder weniger stark infiziert; bei Frischfleisch kann man z. B. einige Tausend bis einige Millionen Bakterien pro cm² finden, ohne daß damit eine Gefährdung der Gesundheit oder ein Verderb verbunden zu sein braucht. Die überwiegende Mehrzahl dieser Bakterien ist für den Menschen bei oraler Aufnahme harmlos und wahrscheinlich für die Aufrechterhaltung eines guten Antikörperspiegels zum Schutz gegen Infektionen sogar notwendig.

Lebensmittel-Vergifter

Einige wenige Bakterienarten sind in der Lage, beim Wachstum im Lebensmittel Toxine zu bilden, die für den Menschen gefährlich werden können. In diesen Fällen ist eine starke Vermehrung der Keime erforderlich, um die für eine Vergiftung notwendige Toxinmenge zu erzeugen (*Staphylococcus aureus, Clostridium botulinum, Bacillus cereus* u. a.).

Andere Arten werden vorzugsweise durch das Lebensmittel, in dem sie sich vermehren können, übertragen, siedeln sich dann im Intestinaltrakt an, vermehren sich dort weiter und bilden hier ihre Toxine, die dann die Krankheitssymptome erzeugen; zu dieser Gruppe zählen die Salmonellen, manche Typen von *Escherichia coli, Vibrio parahämolyticus* u. a.

Clostridium perfringens schließlich steht zwischen den Lebensmittelvergiftern im engeren Sinn und den zuletzt genannten Erregern von *Infektionskrankheiten.* Dieser Organismus muß in großer Zahl als vegetativer Keim im Nahrungsmittel vorhanden sein, macht dann noch einige Teilungen im Darm durch und versport dort; dabei wird ein Toxin erzeugt, das dann die Erkrankung auslöst.

Staphylococcus aureus, Rosenbach

Gram-positiv, unbewegliche Kugeln, ϕ 0,8–1,0 μm, einzeln, in Paaren oder unregelmäßigen Haufen, aerob und fakultativ anaerob, Kolonien hellgelb bis goldgelb, Temperaturansprüche: Minimum 10 °C. Optimum 37 °C. Maximum 45 °C, pH-Wert über 4,5.

Ein Teil der Isolate bildet bei Temperaturen über 20 °C Enterotoxine (A, B, C, D, AB, AD, BD, ACD) mit Molekulargewichten von 28 000 bis 35 000, die hitzestabil sind. Bei 100 °C werden in 14 min 50 % von Enterotoxin B inaktiviert, erst nach 90 min ist es wirkungslos.

Die Polypeptide werden von den proteolytischen Enzymen des Magens nicht angegriffen. Als Pathogenitätskriterien, die in der überwiegenden Mehrzahl der Fälle mit dem Merkmal „Toxinbildung" kombiniert sind, kann man positive Koagulasereaktion, positive Eigelbreaktion, Hämolyse, positive Tellurit-Reaktion nach 24 Std. und häufig auch Resistenz gegen Penicillin werten (21).

Die Erkrankung (vergl. Tab. 8) beginnt nach Aufnahme des Enterotoxins (0,5–1 μg/Mensch) mit Erbrechen und ist häufig von mehr oder weniger heftiger Diarrhoe und Leibschmerzen begleitet; die Erkrankung dauert 1–3 Tage, der Verlauf beim Gesunden ist gutartig, Komplikationen treten fast nur bei Kleinstkindern, alten und geschwächten Personen auf. Eine spezifische Therapie ist meist nicht erforderlich.

Clostridium botulinum (van Ermengem) Bergey et al.

Gram-positive, große, bewegliche Stäbchen (4–6 μm); einzeln, in Paaren oder Ketten, endständige oder nahezu endständige, ovale Sporen; streng anaerob. Temperaturansprüche: Minimum 4 °C bei Typ E, 10 °C bei den übrigen Typen, Optimum bei ca. 22 °C, Maximum bei 35 °C. Toxinbildung kann in vielen Fällen bereits bei der Minimumtemperatur beginnen.

Bei pH-Werten unter 5 können *Cl. botulinum*-Sporen nicht auskeimen. Ein Lebensmittel, das geeignete Vermehrungsbedingungen für diesen Toxinbildner aufweist, muß durch eine vorangegangene mäßige Hitzebehandlung von der „Konkurrenzflora" befreit worden sein oder die Begleitorganismen müssen durch *ungenügendes* Salzen, Pökeln oder Räuchern zum größten Teil ausgeschaltet sein, wobei die Botulinus-Sporen überlebten.

Das Toxin der Typen A und E ist genauer bekannt; es handelt sich dabei um Peptide mit einem Molekulargewicht von 12 000. Die letale Dosis für den Menschen liegt zwischen 0,1 und 1 μg pro Individuum. Die Typen A, B, E und F sind humanpathogen, C und D sind nur für manche Tierarten giftig. In Europa kommt Typ B häufiger vor, in Amerika Typ A; Typ E findet sich weltweit vor allem bei Fischen (4). Die Toxine aller Typen sind thermolabil und werden bei einer Hitzebehandlung von 30 min 80 °C oder 5 min 100 °C zerstört.

Das Toxin wird von der Magen- und Darmschleimhaut resorbiert und führt zu Lähmungen der Nervenzentren des verlängerten Marks. Es blockiert die cholinergischen Verbindungen der Nervenendbahnen (Neurotoxin). Der Krankheitsverlauf ist charakteristisch: Müdigkeit,

Abgeschlagenheit, Kopfschmerzen, allgemeine Schwäche, Inkoordination der Augenmuskeln (Doppelsehen), Schluckbeschwerden, Sprechschwierigkeiten. Kein Fieber. Bis kurz vor dem Tode volles Bewußtsein. Der Tod tritt als Folge einer Atemlähmung oder eines Herzstillstandes ein. − Eine sehr frühzeitig einsetzende Behandlung mit polyvalentem *Cl. botulinum*-Antitoxin ist in vielen Fällen erfolgversprechend; Rekonvaleszenz erfolgt sehr langsam (vergl. Tab. 8). 1974 wurden 19 Botulismusfälle in der BRD gemeldet, die nicht tödlich verliefen.

Bacillus cereus Frankland et Frankland

Gram-positive, plumpe Stäbchen (5−10 μm lang und 1 μm dick), peritrich begeißelt, meist gut beweglich; Sporen zentral, zylindrisch. Hämolytisch; mit Glucose oder NO_3 anaerobes Wachstum, sonst aerob. Temperaturansprüche: Minimum 10−15 °C, Optimum bei 22 °C, Maximum 35−45 °C.

Über das Toxin (Phosphorylcholin?) ist nicht viel bekannt. Die Analysen der Vergiftungsfälle lassen darauf schließen, daß es hitzestabil ist.

Das Krankheitsbild ist wenig charakteristisch. Es kann bereits 30 min nach der Aufnahme einer Mahlzeit mit 10^8 *B. cereus* pro g zu ersten Symptomen kommen; normalerweise ist die Inkubationszeit etwas länger, wie Tab. 8 zeigt. Leibschmerzen, Übelkeit, Diarrhoe, manchmal Erbrechen. In anderen Fällen stehen Übelkeit und Erbrechen im Vordergrund, während Diarrhoe nur vereinzelt auftritt; kein Fieber. Die Symptome klingen ohne Behandlung nach relativ kurzer Zeit ab. In den Faeces werden keine Erreger gefunden (5).

Bacillus spp.

Andere Bacillus-Arten scheinen gelegentlich ebenfalls zu Lebensmittelvergiftungen zu führen, wenn sie in großer Zahl (mehr als 10^7/g) aufgenommen werden. *B. mesentericus* und *B. subtilis*, manchmal auch andere Arten werden in diesem Zusammenhang vor allem in der osteuropäischen Literatur genannt. Die Forschung wird sich in Zukunft mit diesen Befunden näher beschäftigen müssen, da die Bedingungen für die Massenentwicklung solcher Arten vor allem bei länger warmgehaltenen Speisen der Gemeinschaftsverpflegung gegeben sind.

Streptococcus spp.

Streptokokken sind kettenbildende, kugelige bis leicht ovale, Grampositive, unbewegliche Organismen, deren typisches Stoffwechselendprodukt Milchsäure ist. Für Vergiftungsfälle werden ausnahmslos Enterokokken der *Lancefield*-Gruppe D verantwortlich gemacht, die auf Blutagar α-Hämolyse zeigen, eine Umwandlung des Hämoglobins in einen grünlichen Farbstoff. Geringes Angebot an Sauerstoff, eine erhöhte CO_2-Konzentration (10%) in der Atmosphäre und 37 °C beschleunigen das Wachstum.

Das Toxin ist nicht näher bekannt. Es zeigt gewisse Ähnlichkeiten mit dem Staphylokokken-Toxin, besonders hinsichtlich der Hitzeresistenz und der Wirkung auf Katzen.

Die bald nach dem Verzehr toxinhaltiger Produkte auftretenden Symptome — Koliken, häufiges Erbrechen und Diarrhoe — klingen nach wenigen Tagen (vergl. Tab. 8) meist wieder ab. Eine Therapie

Tab. 8: Inkubationszeit und Krankheitsdauer bei Lebensmittelvergiftungen und durch Lebensmittel übertragbare Infektionskrankheiten

Erreger	Inkubationszeit	Krankheitsdauer
Staphylococcus aureus (Toxin im Lm.)	2–6 Std.	1–3 Tage
Cl. botulinum (Toxin im Lm.)	1–3 Tage	6–8 Monate oder Tod nach 1–8 Tagen
Bac. Cereus (Toxin im Lm.)	1–12 Std.	$1/2$–1 Tag
Streptococcus spp. (Toxin im Lm.)	3–24 Std.	1–2 Tage
Cl.perfringens (Toxin im Darm)	8–24 Std.	12–24 Std.
Salmonella spp. (Infektion)	6–40 Std.	1–7 Tage
Salmonella typhi (Infektion)	1–3 Wochen	3–5 Wochen
Shigella spp. (Infektion)	12 Std.–7 Tage	4–6 Tage
Vibrio parahaemolyticus (Infektion)	3–36 Std.	2–5 Tage
Vibrio cholerae eltor (Infektion)	2–5 Tage	5–7 Tage

Lm. = Lebensmittel

ist normalerweise nicht erforderlich. Gelegentlich kommt es zu einer zweiten, weitaus gefährlicheren Phase der Erkrankung, die durch entzündliche Erscheinungen verschiedener Organe gekennzeichnet ist – subakute Endocarditis, Nephritis u. a. m.

Clostridium perfringens Hauduroy (früher: *Cl. welchii*)

Gram-positive, unbewegliche, große (bis 9 μm lange und 1 μm breite) Stäbchen, einzeln, gelegentlich palisadenartig; subterminale, nicht auftreibende Sporen, streng anaerob. Temperaturansprüche: Minimum 12–15 °C, Optimum 43–46 °C, Maximum 52 °C, pH-Bereich 5–8,5, optimal 6–7,5, Kochsalz unter 6 %. Im Stuhl Gesunder findet man diese Art regelmäßig (6).

Um eine Erkrankung beim Menschen auszulösen, müssen nach *Hauschild* (20) etwa 10^6/g oder ml vegetative Keime mit einer Mahlzeit aufgenommen werden. Das bei der Versporung der Clostridien im Darmtrakt freigesetzte Toxin ist ein Protein mit einem Molekulargewicht von $36\,000 \pm 4000$; der Wirkungsmechanismus ist noch nicht genau bekannt.

Die Symptome sind Diarrhöen in zunehmend kürzeren Intervallen, Bauchkrämpfe, manchmal Übelkeit, Appetitlosigkeit und seltener auch Vernichtungsgefühl. Kein Fieber, kein Erbrechen. Nach maximal 24 h (vergl. Tab. 8) ist das Wohlbefinden auch ohne therapeutische Maßnahmen wieder hergestellt. Ein fataler Ausgang der Erkrankung ist nur bei sehr gebrechlichen Personen beobachtet worden.

Salmonella spp.

Es sind hier die Erreger der sog. Salmonellosen zu behandeln. Die Verursacher von Typhus und Paratyphus, die ebenfalls zur Gattung Salmonella gehören, werden weiter unten besprochen, da sich die Krankheitsbilder grundsätzlich von den Salmonellosen unterscheiden. Alle Salmonellen sind für eine oder mehrere warmblütige Wirtsarten pathogen, es gibt keine natürlichen Saprophyten.

Gram-negative, bewegliche Stäbchen, die Lactose nicht vergären können. Keine Sporenbildung. Die Zellwände enthalten Lipopolysaccharide, die bei Lyse der Zellen als sog. Endotoxine frei werden. Keine besonderen Ansprüche an den Nährboden und daher auch Vermehrung im Lebensmittel; Wachstum aerob und anaerob. Temperaturansprüche: Minimum 6–8 °C, Optimum 37 °C (1).

Die bei fast allen Enterobakterien gefundenen Endotoxine sind wahrscheinlich micellär angeordnete Lipopolysaccharide mit Molekulargewichten zwischen 100 000 und 900 000. Die physiopathologischen Wirkungen aller Endotoxine sind einander ähnlich; sie unterscheiden sich durch Sequenz und Art der Monosacchariduntereinheiten, die dem Molekül die Antigenspezifität verleihen. Die pyrogene Wirkung ist das auffälligste Phänomen dieser Substanzen bei kleinsten Dosen (einige μg/Mensch).

Zur Auslösung einer Erkrankung ist im allgemeinen die Aufnahme von mehr als 10^5 lebenden Salmonellen erforderlich; beim Kleinkind genügen geringere Mengen. Je nach Art (man unterscheidet heute mehr als 1200 Arten und Typen) und Zahl der in der Nahrung vorkommenden Salmonellen beginnt die Erkrankung nach einigen Stunden (Tab. 8) ziemlich plötzlich mit Fieber, Kopfschmerzen und Gliederschmerzen, was oft als grippaler Infekt mißgedeutet wird; der kurze Zeit später einsetzende Durchfall, Übelkeit und Erbrechen weisen dann aber auf eine Gastroenteritis hin. Mit Beginn der Diarrhoe lassen sich massenhaft die Erreger im Stuhl nachweisen, d.h. der Patient wird zum „Ausscheider" und kann nun bei mangelhafter Hygiene seine Umgebung infizieren, was zur sekundären Ausweitung des Ausbruchherdes führen kann.

Die Zahl der Todesfälle ist im Verhältnis zur Zahl der Erkrankungen (s. S. 51/70) relativ gering, es handelt sich meist um Kleinkinder, alte und resistenzgeschwächte Personen.

Bei Gastroenteritis (Salmonellose, Enteritis infectiosa) ist unbedingt der Arzt aufzusuchen. Die Krankheit ist meldepflichtig, und das zuständige Gesundheitsamt trifft geeignete Maßnahmen, um eine Ausweitung der Infektion innerhalb der Familie, Wohngemeinschaft, Schule etc. zu verhindern. Dauerausscheider sind nicht selten.

Salmonella typhi Warren et Scott
Salmonella paratyphi Castellani et Chalmers

Die Erreger von Typhus und Paratyphus (Typ A, B und C) gleichen in der allgemeinen Beschreibung den übrigen Salmonellen; *S. typhi* bildet jedoch zum Unterschied zu allen anderen Arten mit Glucose kein Gas. Die Arten besitzen wie die vorher genannten bestimmte serologische Kriterien, die durch H-, O- und Vi-Antigene bestimmt werden. Einzelheiten hierüber finden sich in Lehrbüchern der Medizinischen Mikrobiologie (2, 7).

Bei Typhus (enteritisches Fieber, Bauchtyphus, Typhus abdominalis u. a.) und Paratyphus ist die Inkubationszeit im Gegensatz zu allen anderen Lebensmittelvergiftungen relativ lang (Tab. 8). Während dieser Zeit gelangen die Erreger aus dem Magen-Darmtrakt in die Blutbahn und können hier kulturell nachgewiesen werden; der Stuhl ist zu dieser Zeit noch erregerfrei. Von der 3. Woche an sind dann die Stuhlkulturen positiv, während Blutkulturen nun negativ bleiben. Nach langsamem Beginn der Krankheit steigt das Fieber allmählich an; meist Obstipation, selten Erbrechen oder Durchfall in dieser Phase. Bewußtseinstrübung und Delirium (daher der Name „Typhus" vom griech. typhos = Nebel, Dunst) mit tagelang anhaltendem hohen Fieber, Stuhl dünn und hellgelb. In der 4. Woche tritt im allgemeinen Besserung ein, wenn sich keine Komplikationen einstellen. – Bei Paratyphus ist der Verlauf ähnlich, doch sind alle Symptome etwas milder und die Gesamtdauer etwas kürzer.

Typhus und Paratyphus sind laut Bundesseuchengesetz anzeigepflichtige Krankheiten. Die Patienten müssen isoliert werden, und die mit

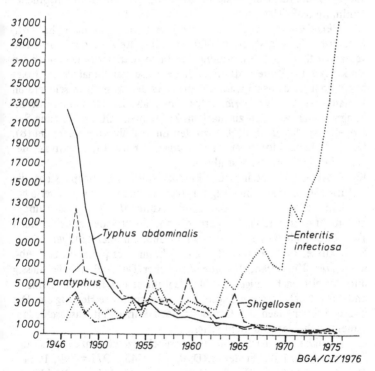

Abb. 5: Typhus-, Paratyphus-, Ruhr (Shigellosen)- und Salmonellose (Enteritis infectiosa)-Erkrankungen in der BRD von 1946–1975 (18)

51

ihnen in Wohngemeinschaft, am Arbeitsplatz oder sonstwo direkt in Berührung gekommenen Gesunden müssen sich einer mehrmaligen Untersuchung unterziehen.

Zahl der Fälle in der BRD: Typhus 1972 = 385; 1973 = 420; 1974 = 753. Paratyphus 1972 = 394; 1973 = 374; 1974 = 292 (Abb. 5).

Ein kleiner Prozentsatz der Erkrankten scheidet nach Abklingen der Symptome noch Monate oder auch Jahre infektionsfähige Erreger mit dem Stuhl, gelegentlich auch mit dem Urin, aus.

Shigella dysenteriae (Shiga) Castellani et *Chalmers*
Shigella sonnei (Levine) Weldin

Gram-negative, unbewegliche Stäbchen, aerob und fakultativ anaerob, ohne Kapseln, ohne Sporenbildung. Temperaturansprüche: Minimum 6–8 °C, Optimum 37 °C (vgl. Tab. 12).

Alle *Shigella*-Arten setzen bei Autolyse toxische, somatische Antigene frei, die wahrscheinlich für die starke Reizung der Darmwand verantwortlich sind. *Sh. dysenteriae* bildet darüber hinaus noch ein stark toxisches Protein, das fälschlicherweise manchmal als Exotoxin bezeichnet wird. Es ist wahrscheinlich für den wesentlich schwereren Verlauf der *Sh. dysenteriae*-Infektionen als der *Sh. sonnei*-Erkrankungen verantwortlich zu machen. Zusammen mit der Gattung Salmonella werden die Shigellen zu den Enterobakterien gerechnet (8). Das natürliche Biotop dieser Gattungen ist der Intestinaltrakt des Menschen und anderer Warmblüter.

Beide Arten verursachen die Bakterienruhr. In Europa steht die E-Ruhr (*Sh. sonnei*) eindeutig im Vordergrund, die vorzugsweise bei Kindern vorkommt. Die epidemische Ruhr (*Sh. dysenteriae*) findet man mehr in tropischen Ländern, doch sind durch den zunehmenden Tourismus Fälle dieser Art in unserem Gebiet immer häufiger.

Nach kurzer Inkubationszeit (Tab. 8) kommt es plötzlich zu Leibschmerzen, Krämpfen, Diarrhoe und Fieber. Der Stuhl ist dünnflüssig und besteht nach einigen Stuhlentleerungen nur noch aus Schleim und Blut. Nach wenigen Tagen tritt meist spontane Heilung ein. Die Keime werden nach der Genesung noch kurze Zeit ausgeschieden; Dauerausscheider sind nicht selten.

Die Krankheit ist nach dem Bundesseuchengesetz anzeigepflichtig. Zahl der Ruhr-Fälle in der BRD: 1972 = 545, 1973 = 599, 1974 = 462. Abb. 5 zeigt die Häufigkeit der wichtigsten Lebensmittel-Infektionen in der BRD während der letzten 30 Jahre.

Vibrio parahaemolyticus Sakazaki et al.

Gram-negative, kurze bewegliche Stäbchen, halophil (7% NaCl); aerob, fakultativ anaerob; Citrat positiv. Bei 5 °C kein Wachstum, Optimum bei 37 °C.

V. parahaemolyticus verursacht beim Menschen Krankheitserscheinungen, die denen der Cholera und der Ruhr ähneln. Wenige Stunden nach einer kontaminierten Mahlzeit (Tab. 8) setzt die Erkrankung mit heftiger Diarrhoe ein, die zu starkem Wasserverlust führt und von Erbrechen und Fieber begleitet wird. Bei geschwächten alten Personen kann die Erkrankung tödlich verlaufen.

Diese in Japan, aber auch in Westafrika und Australien häufige Lebensmittelinfektion wurde in Deutschland noch nicht beobachtet − oder erkannt! *Nakanishi* u.a. (9) fanden die Erreger in vielen Fällen bei Seefischen und Muscheln vor allem aus der Ostsee.

Vibrio cholerae Biotyp *eltor Pribram*

Der klassische Erreger der Cholera, *Vibrio cholerae* Biotyp *cholerae,* spielt heute in Europa keine Rolle mehr, der Biotyp *eltor* (1) dagegen breitet sich kontinuierlich vom hinterindischen Inselarchipel ausgehend über die ganze Welt aus.

Gram-negative, kommaförmige Stäbchen, die durch eine polare Geißel lebhaft beweglich sind. Aerob, α-hämolytisch, Nitrat-reduzierend. Kein Wachstum bei 5 °C, Optimum 37 °C, Maximum 40−42 °C. pH-Optimum 8,5 bis 9,0! Im sauren Milieu werden die Keime rasch abgetötet. Salztoleranz bis 4 % NaCl. Empfindlich gegen Austrocknen (Tab. 13).

Nach mehrtägiger Inkubationszeit (Tab. 8) kommt es plötzlich zu Übelkeit, Erbrechen und profusen Durchfällen mit abdominalen Krämpfen. Während des Stadiums des Brechdurchfalles (Reiswasserstühle) mit $10^8 - 10^9$/ml Vibrionen verliert der Körper sehr viel Wasser und, da die Stuhlflüssigkeit mit dem Plasma annähernd isotonisch ist, große Mengen Na^+, K^+, Cl^- und andere Ionen, was zu Kollaps oder Schock führt. Grad und Dauer des Wasser- und Elektrolytverlustes bestimmen die Schwere der Erkrankung, die im Falle einer El Tor-Infektion im allgemeinen nach einigen Tagen abklingt.

Einzelfälle, die meist aus südlichen Urlaubsländern eingeschleppt werden, sind nicht leicht von anderen Durchfallerkrankungen zu differenzieren und werden oft nicht erkannt. Die Ausbreitungsgrenze der Cholera liegt − etwas vereinfacht − an der Grenze des Verbreitungsgebietes der Wasserspülung. 1973 und 1974 wurden die letzten Epidemien im Raum Neapel bzw. in Portugal beobachtet. Cholera gehört zu den quarantänepflichtigen Krankheiten. Dauerausscheider sind sehr selten.

Andere, durch Lebensmittel übertragbare Infektionserreger
Escherichia coli Migula ist ein harmloser und immer zu findender Besiedler des Darmes bei Mensch und Tier. Bei Säuglingen und Kleinstkindern jedoch können manche Stämme, sog. Dyspepsie-Coli oder enteropathogene Coli der serologischen Gruppen 0 111 : B4, 0 55 : B5 und 0 127 : B8 schwere Darminfektionen verursachen. 30–40% aller Durchfallerkrankungen von Säuglingen sind darauf zurückzuführen. Wegen der trotz Antibiotika-Therapie immer noch hohen Letalität (bis 11%) und der hohen Infektiosität handelt es sich vor allem im Klinikbereich um eine gefürchtete Erkrankung. Erwachsenen werden kaum betroffen. Ganz ähnliche Verhältnisse findet man bei *Proteus mirabilis Hauser* (histaminähnliche Gifte), der zusammen mit *E. coli* ebenfalls zu den Enterobakterien zu rechnen ist; auch hier schwere Gastroenteritiden bei Neugeborenen. Die *Arizona*-Gruppe wird ebenfalls durch Lebensmittel übertragen und verursacht Gastroenteritiden, die der Salmonellose nicht unähnlich verlaufen.

Andere, durch Lebensmittel übertragbare Infektionskeime sind *Mycobacterium bovis*, der Erreger der Rindertuberkulose, der auch den Menschen befallen kann, und *Brucella abortus*, die beim Menschen die *Bang*sche Krankheit (Brucellose) verursacht. Vor der Ausrottung der Rindertuberkulose und des seuchenhaften Verkalbens der Rinder war Rohmilch eine häufige Infektionsquelle; heute kann man davon ausgehen, daß unsere Milchviehbestände in Mitteleuropa frei von diesen Krankheiten sind. Trotzdem sollte man keine rohe Milch trinken.

1.1.2 Pilze

Pilze sind vielzellige Eucarionten, die mit einem Fadengeflecht von hintereinanderliegenden, fest miteinander verbundenen Zellen (Mycel) den Erdboden oder abgestorbenes pflanzliches und tierisches Material überziehen und/oder durchwachsen. Sie ernähren sich saprophytisch und bauen organisches Material relativ schnell ab. Pro Tag wachsen sie, je nach Art, unter günstigsten Bedingungen einige mm bis über 5 cm weit.

Im Zusammenhang mit Lebensmittelvergiftungen und -verderb interessieren fast nur sog. Schimmelpilze, die meist zur Gruppe der *Fungi imperfecti (Deuteromycetes)* zu rechnen sind. Sie bilden meist gefärbte Konidien und vermehren sich ungeschlechtlich. Der gesamte Thallus ist haploid.

Pilze sind außerordentlich anpassungsfähig an wechselnde Umwelteinflüsse. Selbst bei $-10\,^\circ C$ wurde in einigen Fällen aktives Wachstum beobachtet, und ihre z. T. üppige Entwicklung im Kühlschrank ($\sim 6\,^\circ C$) ist allgemein bekannt. Spezielle Ansprüche an Nährstoffe stellen sie nicht; ein Nährmedium, das Zucker als Kohlenstoff- und Energie-Quelle sowie $NaNO_3$, K_2HPO_4, $MgSO_4$, KCl und etwas $FeSO_4$ enthält, ermöglicht im allgemeinen ausgezeichnetes Wachstum. pH-Werte von 2 bis 8 werden meist gut vertragen.

Manche Pilzarten sind in der Lage, biologisch hochaktive Stoffe zu bilden und an die Umgebung abzugeben. Penicillin und andere Antibiotika sind wohl die bekanntesten Beispiele dafür. Ihr Vorkommen in Lebensmitteln ist unerwünscht, da sie zur Bildung antibiotikaresistenter Bakterien auf selektivem und/oder mutagenem Wege beitragen, weshalb der Einsatz solcher Stoffe für die Lebensmittel-Konservierung in vielen Ländern verboten ist.

Etwa 120 Arten sind, soviel heute bekannt, Produzenten von Mykotoxinen, die im Tierversuch z. T. krebserregend, Leber- oder Nierenschädigend, mutagen, teratogen, neurotoxisch, hämorrhagisch, photosensibilisierend u. a. wirken. Die chemische Struktur von 80 bis 90 Mykotoxinen ist aufgeklärt. Sie sind fast alle hitzestabil.

Die bekanntesten Mykotoxine sind in Tab. 9 aufgeführt. Zum Vergleich sei die orale LD_{50} bei der Ratte von Kaliumcyanid = 15 mg/kg K.G. und Strychnin = 7,5 mg/kg erwähnt. Die zur Bildung von einigen Mykotoxinen erforderlichen Bedingungen sind in Tab. 10 zusammengestellt. Die Bedeutung dieser Stoffe für die menschliche Gesundheit ist z. Zt. noch nicht klar zu überblicken. In hohem Maße bedenklich ist jedoch, daß sich Aflatoxin B_1 als stärkstes bisher bekanntes Carcinogen mit oraler Wirkung erwies; die carcinogene Dosis liegt bei $10\,\mu g/kg$ und Tag im Versuch mit der Ratte. Der Vergleichswert für Dimethyl-Nitrosamin ist $750\,\mu g$.

Aus einigen tropischen Ländern haben wir gute statistische Untersuchungen, die eine klare Korrelation zwischen dem Auftreten von Lebercirrhose und primärem Leberkrebs bei der Bevölkerung und

Tab. 9: Einige relativ gut bekannte Mykotoxine, ihr Vorkommen und ihre Wirkung

Pilz	Mykotoxin	Vorkommen	hauptsächliche Wirkung bei Säugetieren	Toxicität	Nachweisgrenze (Methode)
Claviceps purpurea paspali	Ergotalkaloide	Weizen-, Roggenmehl, Brot, Backwaren	Ergotismus	—	—
Aspergillus flavus parasiticus	Aflatoxine	Erdnüsse, Mais, Getreide, Futtermittel, Milch	Lebercirrhose, prim. Leberkrebs	LD_{50}, Ratte, oral 7,2 mg/kg	1 ppb (DSC)
Aspergillus versicolor nidulans u.a.	Sterigmatocystin	Maismehl, Weizen, Futtermittel, Milch?	Leberkrebs	LD_{50}, Ratte, oral 120 mg/kg	30 ppb (DSC)
Penicillium expansum urticae	Patulin	Faules Obst, Fruchtsäfte	generelles Zellgift	LD_{50}, Maus, oral 35 mg/kg	20 ppb (DSC)
Byssochlamys nivea fulva u.a.	Patulin	Faules Obst, Fruchtsäfte	generelles Zellgift	LD_{50}, Maus, oral 35 mg/kg	20 ppb (DSC)
Aspergillus ochraceus melleus u.a.	Ochratoxin A	Gerste, Mais	Fettleber, Nierenschäden	LD_{50}, Ratte, oral 20 mg/kg	20 ppb (DSC)
Fusarium graminearum u.a.	Zearalenon (F-2 Toxin)	Mais, Getreide, Futtermittel	Östrogen Unfruchtbarkeit	östrogene Wirkung, Schwein, oral 5 Tage 0,1 mg/kg	0,3 ppb (DSC)
Fusarium oxysporum tricinctum u.a.	T-2 Toxin	Getreide, Mais, Futtermittel	Toxische Aleukie, Hämorrhagisches Syndrom	LD_{50}, Ratte, oral 3,8 mg/kg	20 ppb (DSC + GC)

Tab. 10: Einfluß einiger ökologischer Faktoren auf die Mykotoxinbildung

	Aflatoxin B_1	Sterigmato-cystin	Patulin	Zearalenon
Temperatur				
untere Grenze	5–14 °C	15 °C	–1 °C	?
Optimum	28 °C	25–30 °C	15–22 °C	12–14 °C
obere Grenze	37–40 °C	32 °C	37–40 °C	20 °C
Feuchtigkeit				
rel. Feuchtigkeit	ab 80 %	ab 76 %	ab 82 %	ab 78 %
pH-Wert	2,5–6	3–8	3–6,5	4,5–7

Aflatoxinen in der Nahrung erkennen lassen (10). Vom T2-Toxin, einem Trichothecen verschiedener *Fusarium*-Arten, weiß man, daß es im Winter 1942 im Gebiet von Orenburg, USSR, bei einer sehr großen Bevölkerungsgruppe alimentär bedingte toxische Aleukie (ATA) mit vielen Todesfällen verursachte. Auch die Kaschin-Beck-sche krankhafte Veränderung an Gelenken und Röhrenknochen wird Mykotoxinen zugeschrieben.

Die am längsten bekannte Mykotoxikose des Menschen ist die Mutterkornvergiftung (Ergotismus), die durch Alkaloide der Sklerotien von *Claviceps purpurea* und *C. paspali* auf Getreideähren verursacht wurde. Durch Verunreinigung von Mehl, Brot und Backwaren mit den zerkleinerten Sklerotien wurden früher ganze Landstriche in Europa von der Mutterkornvergiftung heimgesucht. Die letzten Massenerkrankungen wurden nach dem 2. Weltkrieg in Frankreich und Südengland beobachtet. Durch den Einsatz von Pflanzenbehandlungsmitteln im Getreideanbau und wirksamer Technologien in der Müllerei werden seither Vergiftungen dieser Art in Europa verhindert.

Zu erwähnen ist noch, daß die Konidien von *Aspergillus fumigatus* und einiger anderer Arten, wenn sie bei Reinigungsarbeiten oder beim Umgang mit verschimmeltem Material in großer Anzahl eingeatmet werden, in der Lunge des Menschen auskeimen können und zu einer schwer oder nicht heilbaren Mykose führen.

Hefen, die systematisch ebenfalls zu den Pilzen gerechnet werden, bilden, soviel wir heute wissen, keine Mykotoxine, wenn man einmal vom Äthanol absieht, das bei Abusus auch zu akuten oder chronischen Vergiftungen führt. Für Verderbsvorgänge verschiedenster Art sind diese, sich vor allem durch Sprossung rasch vermehrenden Organismen (ϕ etwa 10 μm) bekannt. Die Temperaturansprüche sind von Art zu Art recht unterschiedlich; man kann den Bereich von −5 bis 40 °C als für Hefewachstum geeignet betrachten. Unter Sauerstoffzutritt findet, wie auch bei den übrigen Pilzen, starke Zellvermehrung (z. B. Backhefeproduktion) statt. Unter anaeroben Bedingungen schaltet der Organismus auf Gärung um, wächst nur noch langsam und bildet viel CO_2, Alkohol und andere Stoffwechselendprodukte (z. B. Bier- oder Wein-Herstellung) (2). Die Gasbildung kann in abgeschlossenen Behältnissen zu starker Druckentwicklung führen (z. B. Sekt). Bei Kleinstkindern, die auf Grund ihrer Ernährung viel Laktose zu sich nehmen, können manche Hefearten durch im Darm einsetzende starke Gärung Rupturen verursachen. Manche *Candida*-Arten werden zu den pathogenen Keimen gerechnet. *Candida albicans* z. B. besiedelt bei geschwächten Personen, bei Antibiotika-Behandlung, Diabetes, bei Corticosteroidgaben und Rauschgiftsucht die Mundhöhle und andere Schleimhäute und verursacht den oft sehr therapieresistenten Soor.

1.1.3 Viren

Viren können im strengen Sinn nicht zu den Lebewesen gerechnet werden. Sie vermehren sich nur in lebenden Zellen von Wirtsorganismen, zerstören dabei die Zelle und werden bei Auflösung der Zellen frei. Die aus DNS oder RNS und Hüllproteinen bestehenden Partikel sind sehr klein (20–50 nm) und werden von Bakterienfiltern nicht zurückgehalten.

Der natürliche Standort sind lebende Organismen, welche die Viren über Kot, Urin oder Speichel ausscheiden. Mit diesen Ausscheidungen kommen die Viren in Oberflächenwasser und können auf diesem Weg auf oder in Lebensmittel gelangen.

Für den Menschen wird nur das Virus der infektiösen Hepatitis (Virushepatitis A, katarrhalische oder epidemische Gelbsucht) auf diesem Wege gefährlich (18). Die Übertragung anderer Virosen durch Wasser und/oder Lebensmittel ist von untergeordneter Bedeutung.

Der fäkal-orale Übertragungsweg zeigt schon an, daß der Verbreitungsschwerpunkt der Virus Hepatitis in Gebieten mangelnder Hygiene zu suchen ist. Einschleppung durch Urlauber und Reisende ist nicht selten. Wegen der Hitzelabilität aller Viren können sämtliche gekochten Speisen als sicher bezeichnet werden; Salate, Obst und Geschirr, die mit verseuchtem kalten Wasser gewaschen wurden, können zu Infektionen führen. 1962 wurden in der BRD 25,8 Fälle auf 100 000 Einwohner registriert, 1973 waren es 41,9.

1.2 Inaktivierung von Mikroorganismen

1.2.1 Physikalische Verfahren

Die sicherste und bei Lebensmitteln verbreitetste Methode, Mikroorganismen zu inaktivieren ist die *Hitzebehandlung*. Für alle vegetativen Formen einschließlich Pilze, Hefen und Viren genügt das normale Kochen, wie es zum Garen im Haushalt praktiziert wird. Lediglich Bakteriensporen überleben diesen Prozeß und können nach dem Abkühlen unter gewissen Bedingungen zu vegetativen Formen auswachsen und sich dann konkurrenzlos vermehren, da die sonst in einem natürlichen Substrat vorhandene Begleitflora fehlt. In den meisten Fällen führt diese Massenentwicklung von Sporenbildnern zum raschen Verderb des Produktes, weil gerade diese Organismen durch ihre Exoenzyme (Proteasen, Lipasen, Amylasen, Pektinasen) schnell zur Veränderung von Konsistenz, Geschmack, Geruch, Farbe und anderen grobsinnlich wahrnehmbaren Eigenschaften des Gutes beitragen.

Erhitzen in abgeschlossenen Gefäßen (Konservendosen, hitzebeständigen Folienbeuteln mit oder ohne Aluminiumauflage, Gläsern u. a.) in druckfesten Kesseln (Autoklaven) erlaubt die Anwendung von Temperaturen bis zu etwa 140 °C. In Geräten dieser Art lassen sich auch bei entsprechend langer Behandlungszeit (einige Minuten) Bakteriensporen sicher abtöten.

Für Milch und später auch für andere Flüssiggüter wurde in den letzten 20 Jahren ein Durchlaufverfahren (Ultrahocherhitzung) entwickelt, das nach einer konventionellen Vorerhitzung das Gut für ganz kurze Zeit (etwa 1 sec) auf 135–145 °C bringt; dabei wird entweder Heißdampf injiziert oder die Hitze wird einem Röhrensystem indirekt von außen zugeführt. Produkte dieser Art (z. B. H-Milch) müssen steril verpackt werden, um die Reinfektion zu verhindern.

Unter „Pasteurisation" versteht man eine Hitzebehandlung, die sicherstellt, daß alle pathogenen Keime, die ein Gut enthalten kann, abgetötet sind. Auch hier müssen Vorkehrungen getroffen werden, die eine Reinfektion verhindern. Den Prozeß überleben nur einige Verderbskeime, die aber die Lebensmittel, bei welchen dieses Verfahren angewendet wird, nicht „vergiften" können. Trinkmilch, Sahne, Fruchtsäfte, Bier u. a. werden so behandelt. Zur Herstellung von pasteurisierter Trinkmilch sind die „Kurzzeiterhitzung" (etwa 40 sec, 72 °C) und die „Hocherhitzung" (etwa 15 sec, 85 °C) zulässig.

Andere physikalische Methoden zur Abtötung haben bei Lebensmitteln bisher kaum Eingang gefunden. Bei Trinkwasser kann eine Bestrahlung mit UV-Licht erfolgen, um die Keimbelastung zu verringern. Die Behandlung mit ionisierenden Strahlen zur Verringerung der Keimzahl oder zur Pasteurisation ist für einige Lebensmittel und Lebensmittelzusatzstoffe erfolgreich erprobt worden, wurde aber bisher vom Gesetzgeber in der BRD nicht zugelassen.

Kälte eignet sich in der bei der Lebensmittelfrischhaltung üblichen Anwendungsform nicht für die Abtötung, wenn auch manche Bakterienarten nach einiger Zeit in einem gefrorenen Medium absterben. Die Keime vermehren sich aber im allgemeinen bei Temperaturen unter -3 °C nicht mehr oder nur sehr langsam und können daher als inaktiv gelten, solange das Gut nicht aufgetaut wird.

Durch *Wasserentzug* werden Mikroorganismen ebenfalls inaktiviert, doch lassen sie sich meist hierdurch nicht abtöten. Je schonender die Trocknung erfolgt (z. B. Gefriertrocknung), desto höher ist die Überlebensrate. Solange der Wassergehalt eines Gutes unter $12-14\%$ bleibt, ist die Vermehrung von Bakterien und auch von Pilzen ausgeschlossen.

1.2.2 Chemische Verfahren

Gegen die verschiedensten chemischen Verbindungen sind Mikroorganismen generell oder bestimmte Gruppen sehr empfindlich. Antibiotika als Naturstoffe wurden schon erwähnt; hier ist auch Äthanol zu nennen, das bei 70% seine stärkste bactericide Kraft hat. Gegen viele Schwermetall-Ionen sind alle Mikroorganismen relativ empfindlich, doch lassen sich diese, aus begreiflichen Gründen, zur Lebensmittelentkeimung nicht verwenden; die in Lebensmitteln natürlicherweise vorkommenden Konzentrationen dieser Ionen (vergl.Tab.1, S.7) reichen nicht im Entferntesten zur Inaktivierung aus.

Auch höhere Salzkonzentrationen ($>5\%$) oder mehr als 60% Zukker (z. B. Marmelade u. ä.) verhindern die Vermehrung der meisten Bakterien und vieler Pilze. Räuchern und Pökeln sind ebenfalls altbewährte Methoden zur Inaktivierung von Verderbskeimen und von Lebensmittel-Vergiftern.

Schließlich ist noch der Entzug von Sauerstoff zu erwähnen (Vakuum-Verpackung oder Verpackung unter Schutzgas), wodurch die zahlenmäßig stets viel größere Gruppe der Aeroben unter den Verderbskeimen in ihrer Vermehrung stark gebremst wird.

Die *Konservierungsstoffe*, deren Anwendung vom Gesetzgeber für bestimmte Produkte in genau geregelten Höchstmengen zugelassen wurde (11, 12), sind für den Menschen harmlos, verhindern aber wirksam die Vermehrung von Mikroorganismen oder töten sie sogar ab (vergl. Tab. 11). Ihre Anwendung wird selten als alleinige Methode zur Verlängerung der Lagerungszeit benutzt, sondern zusammen mit einer Wärmebehandlung und/oder einer Absenkung des pH-Wertes durch Zusatz von Essig oder Milchsäure. Der Wirkungsgrad mancher Konservierungsstoffe wird infolge der Dissoziation mit zunehmendem Säuregrad besser.

Desinfektionsmittel zur Behandlung von Oberflächen (Hände, Packmaterial, Küchengeräte, Rohrleitungen, Maschinenteile, Tischplatten, Böden und Wände usw.) sind gut wirksame Bactericide bzw. Fungi-

Tab. 11: Die in der BRD zugelassenen Konservierungsstoffe, ihre Anwendungskonzentrationen und ihre Toxicität

	Höchst-mengen in versch. Nahrungs-mitteln (g/kg)	Mikrobi-statische oder mikrobicide Konz. (24 h, 25 °C) für versch. Organismen (g/kg)	optimaler pH-Bereich	LD_{50}, oral
Sorbinsäure (E 200)	1,0 −2,5	0,15−1,2	< 6	~8 g/kg Ratte
Benzoesäure (E 210)	1,0 −4,0	0,02−1,2	< 5	~2 g/kg Ratte
p-Hydroxi-benzoesäure-Äthylester (E 214)	0,6 −2,0	0,4−4	6,5	5 g/kg Hund
Ameisensäure (E 236)	0,3 −4,0	0,4 −20	< 3	1,2 g/kg Ratte
Schwefeldioxid (E 220)	0,01−2,0	> 10	< 4,5	0,7 g/kg Kaninchen

cide oder Bakteriostatika bzw. Fungistatika. Hierfür eigenen sich starke Oxidationsmittel wie H_2O_2, Peressigsäure, Ozon, Äthylenoxid u.ä. Wirksam sind ebenfalls Alkalien, anionen- oder kationenaktive Detergentien wie Ampholytseifen oder quaternäre Ammoniumverbindungen, Halogenverbindungen, die z.B. Chlor eine gewisse zeitlang abgeben, Formaldehyd und ähnliche Substanzen. In der praktischen Anwendung wird das Desinfektionsmittel oft mit einer Wärmebehandlung kombiniert, um den Effekt zu steigern und die Einwirkungszeit zu verkürzen.

In feuchten Räumen (Läger für Obst und Gemüse, Reifungsräume für Käse u.ä.) verwendet man fungicide oder fungistatische Beimengungen zu den Wandanstrichen oder zum Imprägnieren von Holz, um die Entwicklung von Pilzen zu verhindern.

Alle diese Maßnahmen zielen darauf ab, die Zahl der Mikroorganismen in Lebensmitteln so gering wie möglich zu halten oder eine Reinfektion zu verhindern oder zu minimieren.

2. Nachweismethoden von Mikroorganismen und ihren Giften

Mit Ausnahme der Pilze sind alle Einzelorganismen so klein, daß sie mit dem bloßen Auge nicht wahrgenommen werden können. Die Untersuchung mit dem normalen Lichtmikroskop hat im allgemeinen auch sehr wenig Erfolg, da die meisten Bakterien etwa den gleichen Brechungsindex wie Wasser haben und sich daher nicht vom umgebenden Medium unterscheiden lassen; die Einführung der Phasenkontrast-Mikroskopie brachte hier eine entscheidende Verbesserung. Zur Direktbeobachtung von Bakterien, aber auch von Pilzteilen, vor allem Sporen oder Konidien, eignet sich das Rasterelektronenmikroskop. Viren sind nur im Elektronenmikroskop sichtbar zu machen, da ihr Durchmesser kleiner als die Wellenlänge des sichtbaren Lichtes ist.

Mikroskopische Verfahren zur Keimzählung in Lebensmitteln sind in der Praxis heute kaum mehr gebräuchlich, da sie den Nachteil haben, daß nur Keimzahlen von mehr als 10^5/ml einigermaßen sicher bestimmt werden können und zum anderen zwischen lebenden, d.h. vermehrungsfähigen Individuen und toten nicht unterschieden werden kann. Lediglich die lichtmikroskopische Zählung von Pilzteilen wird zur Qualitätsbeurteilung vor allem bei Tomatenprodukten noch angewendet; hierbei spielt die Frage „lebend oder tot" keine Rolle, da nur eine Aussage über die Verarbeitung mehr oder weniger verpilzter Rohware erwartet wird (*Howard*-Test).

2.1 Bestimmung der Gesamtkeimzahl

Kulturelle Verfahren zur Feststellung der Gesamtkeimzahl und der Zahl von bestimmten Keimgruppen, etwa Enterobakterien, kältetoleranter oder thermophiler Organismen, Sporenbildner usw. sind am verbreitetsten. Das Prinzip der Methode ist, die einzelnen Keime räumlich zu fixieren, zur Vermehrung zu bringen und dann die entstandenen Kolonien, die aus vielen Millionen von Einzelorganismen bestehen, visuell zu zählen oder in ursprünglich klaren Nährlösungen durch sehr hohe Keimzahlen (mehr als 10^6/ml) eine sichtbare Trübung zu erzeugen.

Eine abgewogene Menge eines Produktes wird unter sterilen Bedingungen zerkleinert und homogenisiert, mit einem bekannten Volumen einer Verdünnungslösung (0,1 % Pepton, 0,8 % NaCl) vermischt und dann mit der gleichen Verdünnungslösung eine Verdünnungsreihe mit Stufen 1 : 9 oder 1 : 99 (V : V) angelegt. Je nach zu erwartender Keimzahl verdünnt man so weit, daß die letzte Verdünnungsstufe voraussichtlich weniger als 1 Keim pro ml enthält. Aus den einzelnen Stufen wird nun 1,0 oder 0,1 ml entnommen und gleichmäßig auf der Oberfläche von Nähragar in Petrischalen ausgespatelt oder mit dem verflüssigten Nähragar bei etwa 45 °C vermischt. Die Schalen werden 24 h oder länger bei einer geeigneten, gleichbleibenden Temperatur bebrütet, dann werden die entstandenen Kolonien ausgezählt. Aus der Verdünnungsstufe läßt sich die Keimzahl pro g bzw. ml des Untersuchungsgutes errechnen.

Beimpft man von den einzelnen Verdünnungsstufen aus Röhrchen mit Nährlösung, kann man bei Anlage mehrerer Parallelreihen die höchstwahrscheinliche Keimzahl (MPN = most probable number) über die letzten, noch bewachsenen Proberöhrchen aus Tabellen ablesen.

Die Genauigkeit dieser Keimzählmethoden ist relativ schlecht, etwa im Vergleich zu quantitativen Analysenmethoden der Chemie. Die Hauptursache dafür ist die inhomogene Verteilung der Keime in einer Suspension; eine einzelne Zelle, eine Kette aus mehreren Zellen und ein Klumpen von einigen hundert Zellen wachsen auf einem festen Nährboden immer zu *einer* Kolonie aus und werden nur als „ein Keim" erkannt. So kommt es, daß der mit diesen Untersuchungsverfahren Vertraute ein Keimzählergebnis nur als Größenordnung bewertet und nicht als exakte Zahl; Schwankungen von einer Zehnerpotenz sind bei Paralleluntersuchungen in ein und demselben Labor keine Seltenheit.

2.2 Bestimmung der Zahl von einzelnen Keimgruppen

Durch Variation der *Bebrütungstemperatur* lassen sich ökologische Gruppen von Bakterien bestimmen:

$$7-10\,^{\circ}C \quad \text{psychrotrophe Bakterien}$$
$$22-30\,^{\circ}C \quad \text{mesophile Bakterien}$$
$$55-60\,^{\circ}C \quad \text{thermophile Bakterien.}$$

In Brutschränken mit N_2-Füllung oder anderen sauerstofffreien Gasgemischen kann man die Zahl der Anaeroben feststellen.
Selektivnährböden im engeren Sinn lassen nur bestimmte systematische Gruppen zur Entwicklung kommen. Durch Zusatz von Antibiotika kann man z. B. Bakterien unterdrücken, Pilze und Hefen wachsen dagegen ungehindert zu zählbaren Kolonien aus.
Zur Identifizierung und Auszählung der Lebensmittelvergifter und der durch Lebensmittel übertragbaren Erreger von Magen- und Darminfektionen wurden zahlreiche *Differentialnährmedien* entwickelt, die *Thatcher* und *Clark* (13) zusammenfassend darstellten. Bei diesen Nährböden oder Nährbodenkombinationen nützt man verschiedene physiologische Eigenschaften dieser Bakterien aus, die schließlich zu einem artspezifischen Muster führen. Hierbei werden u. a. folgende Charakteristika, die relativ leicht zu bestimmen sind, geprüft: Wachstum, Säurebildung und/oder Gasbildung auf Glucose, Lactose, Saccharose, Maltose, Mannit, Dextrin, Xylose, Salicin u. a. Zuckern; Alkalibildung unter aeroben Bedingungen; Säurebildung unter aeroben und/oder anaeroben Bedingungen; Bildung von H_2S; Urease, Lezithinase, Nitratreduktase; Beweglichkeit, Farbstoffbildung, Tellurit-Reduktion.
In Tab. 12 ist ein vereinfachtes Differenzierungsschema für einige in Lebensmitteln unerwünschte Bakterienarten zusammengestellt.

Tab. 12: Vereinfachtes Differenzierungsschema einiger Gram-negativer Bakterien

Art	Beweglichkeit	Glucose	Lactose	Saccharose	Mannit	Xylose	H_2S-Bildung	Dreifach-Zucker-Eisen-Agar Oberfl. (aerob)	Stich (anaerob)
Escherichia coli	+	SG	SG	+/–	SG	SG	–	S	SG
Aerobacter aerogenes	+/–	SG	SG	SG	SG	SG	–	S	SG
Salmonella typhi	+	S	–	–	S	+/–	+/–	Alk	S
paratyphi B	+	SG	–	–	SG	SG	+	Alk	SG
typhimurium	+	SG	–	–	SG	+/–	+	Alk	SG
enteritidis	+	SG	–	–	SG	SG	+	Alk	SG
Shigella dysenteriae	–	S	–	–	–	–	–	Alk	S
sonnei	–	S	vS	vS	S	+/–	–	Alk	S
Proteus vulgaris	+	SG	–	SG	–	+/–	+	+/–S	SG
Pseudomonas aeruginosa	+	+/–	–	+/–	–	–	–	Alk	+/–S

+/– = variabel; S = Säure; v = verzögert
+ = positiv; SG = Säure und Gas
– = negativ; Alk = alkalisch

65

2.3 Bestimmung von Indikatororganismen

Aus der Vielzahl von festzustellenden Einzelmerkmalen für die Identifizierung z. B. von Salmonellen wird deutlich, daß der dazu nötige Aufwand bei der Routineüberwachung kaum vertretbar ist. Man beschränkt sich daher bei der Lebensmittelkontrolle meist auf die Feststellung der aeroben Gesamtkeimzahl und die Ermittlung der Zahl sog. *Indikatororganismen.*

Die Erreger der Gastrointestinalinfektionen haben als natürlichen Standort den Darm des Menschen oder von Tieren. Sie kommen dort beim Gesunden normalerweise nicht oder nur in relativ geringer Zahl vor. Andere Darmkeime, die in sehr großer Zahl als lebensnotwendige Normalbesiedler bekannt sind, lassen sich mit einfachen Methoden nachweisen. Sie können daher als Indikatoren herangezogen werden, die bei gehäuftem Auftreten in einem Lebensmittel einen deutlichen Hinweis dafür geben, daß das Produkt mit Fäkalien in Berührung gekommen ist oder sonstwie unter unhygienischen Bedingungen gewonnen oder be- und verarbeitet wurde.

Am häufigsten werden die *coliformen Bakterien* quantitativ überprüft; diese Gruppe hat ihren Namen von *Escherichia coli,* also die „Coli-artigen". Neben dieser Art zählen *Aerobacter aerogenes* und Verwandte sowie einige Arten der Gattung *Klebsiella* hierher. Zu ihrem Nachweis bedient man sich eines Anreicherungsmediums, das gegen eine Vielzahl anderer Bakterien hemmende Eigenschaften hat, bebrütet bei Körpertemperatur und kontrolliert die Fähigkeit, mit Lactose als Energiequelle Gas zu bilden (vgl. Tab. 12). Rezeptur der Nährlösung und Durchführungsmodalitäten der Untersuchung sind in den Gesetzen und Verordnungen zu finden, die zulässige Höchstgehalte an Coliformen für einzelne Produkte oder Produktgruppen reglementieren (vergl. S. 79). Gegebenenfalls muß ein positiver Coliformen-Befund durch den Nachweis von Warmblüter-Coli oder Faekal-Coli erhärtet werden.

Nährmedien für die Isolierung und Auszählung der Gram-positiven *Enterokokken* wurden ebenfalls entwickelt. *Streptococcus durans* und *St. faecalis* sowie die beiden Varietäten dieser Art *liquefaciens* und *zymogenes* können damit einigermaßen selektiv erkannt werden. Auf Indikatorkeime wird bei der Routineüberwachung untersucht; bei Verdachtsproben jedoch schlägt man gleich den aufwendigeren und auch zeitlich längeren Weg der Direktuntersuchung auf *Enterobacteriaceae* ein.

2.4 Nachweis von Lebensmittel-Vergiftern

Staphylococcus aureus stellt ziemlich hohe Anforderungen an den Analytiker, da es bei dieser Art toxinbildende und nichttoxinbildende Stämme in der Natur gibt. Schon die große Zahl von Nährböden zur Identifizierung und Zählung toxischer Staphylokokken, die in den letzten 20 Jahren publiziert wurden, weist auf die noch nicht ganz überwundenen Schwierigkeiten hin, wirklich eindeutige Resultate zu erhalten. Sicher weiß man heute, daß die Merkmale „Toxinbildung" und „Koagulaseproduktion" gekoppelt sind, d.h. Koagulase-positive Staphylokokken sind Toxinbildner, Koagulasenegative sind „harmlos". Auf einem Eigelb-Tellurit-Glycocoll-Pyruvat-Agar lassen sich Koagulase-positive durch rasche Schwärzung und Bildung eines klaren Hofes im trüben Eigelb von anderen Keimen unterscheiden und auszählen.

Zur Routine-Kontrolle werden nicht-saure Lebensmittel mit dieser kulturellen Methode untersucht. Verdachts- oder Vergiftungsfälle jedoch prüft man auf eventuell noch vorhandenes Toxin, isoliert die Toxinbildner und unterzieht sie einer Phagentypisierung, um den Infektionsherd bzw. die Infektionsursache oder -person ausfindig machen zu können.

Der direkte Nachweis von Enterotoxinen in Lebensmitteln ist schwierig. Es wurde ein Gel-Diffusions-Test auf Objektträgern entwickelt, der aber zu wenig empfindlich ist (0,01 μg/g). Serologische Methoden können um eine Größenordnung geringere Mengen erfassen. Bei Anwendung des „radio-immunoassay", der aber relativ aufwendig ist, kommt man bis auf 0,002 ng/g.

Clostridium perfringens wird in Lebensmitteln und bei Vergiftungen im Stuhl in der vegetativen Form nachgewiesen. Bei Stuhlproben hat nur eine sehr große Zahl einige Beweiskraft, da normalerweise diese Art ein Florenbestandteil des menschlichen Darmes ist.

Cl. perfringens bildet in Tryptose-Soytone-Eisenammoniumcitrat-Metabisulfit-Agar mit 0,4 % D-Cycloserin als selektierendem Hemmstoff unter anaeroben Bedingungen bei 37 °C nach 20 h gut auszählbare schwarze Kolonien. Zur Absicherung stellt man noch fest, ob die Keime unbeweglich sind, Nitrat zu Nitrit reduzieren können und Gelatine verflüssigen (14).

Clostridium botulinum kann unter anaeroben Bedingungen aus Speiseresten gezüchtet und auf Toxinbildung geprüft werden; dieses Verfahren ist aber von fraglichem Wert und wird nur selten angewendet. Zur Sicherung einer klinischen Diagnose, und praktisch nur dann, wird das Toxin aus den übrigbleibenden Nahrungsmitteln Mäusen i.p. injiziert, die bei positivem Befund rasch sterben. Der Antigentyp des Toxins wird durch Neutralisation mit dem typenspezifischen Antitoxin bestimmt.

Mäuse, die mit dem spezifischen Antitoxin geschützt sind, überleben die Injektion des korrespondierenden Toxins aus dem Lebensmittel oder einer anaerob gezogenen Bouillonkultur des Isolates aus dem inkriminierten Speiserest. Stuhluntersuchungen bringen kein Ergebnis (19).

Bei den mehr oder weniger unspezifischen Vergiftungen mit *Bacillus*-Arten muß der Speiserest auf die in Masse vorkommenden Keimarten untersucht werden. Auch hier ist aus bakteriologischen Stuhluntersuchungen keine Aufklärung zu erwarten. Da *B. cereus* bei Vergiftungsfällen meist in Reinkultur und mit Zahlen zwischen 10^7 bis 10^9 vorliegt, macht der Nachweis keine großen Schwierigkeiten (5). Blutagar für den Hämolysenachweis ist hilfreich.

2.5 Nachweis von Mykotoxinen

Mykotoxine lassen sich nach Extraktion und Vorreinigung in den meisten Fällen dünnschichtchromatographisch mit genügender Empfindlichkeit nachweisen. Dabei ist es aber erforderlich, Standard-Toxine als internen und externen Standard einzusetzen, um Fehlbeurteilungen auszuschließen. Zur Zeit sind nur für wenige Mykotoxine Referenzsubstanzen im Handel, was die Untersuchung auf diese Fälle beschränkt. Die Nachweisgrenzen sind aus Tab. 9 ersichtlich.

Aflatoxin B_1, B_2, M_1 und M_2, Ochratoxin A, Zearalenon und einige andere fluoreszieren bei 360 nm intensiv hellblau, Sterigmatocystin ziegelrot, Aflatoxin G_1 und G_2 grüngelb, Citrinin und Citreoviridin gelb; Patulin löscht die Fluoreszenz von Kieselgel-F-Platten, fluoresziert aber selbst nach Besprühen mit Phenylhydrazin oder Besthorn's Hydrazon orangegelb. Für Aflatoxine ist eine amtlich empfohlene Nachweismethode im Zusammenhang mit der Aflatoxin-VO veröffentlicht (15).

Die Trichothecen-Toxine der Fusarien lassen sich nach Silylierung gaschromatographisch gut nachweisen. Für Aflatoxine, Patulin, Ochratoxin und einige andere wurden Nachweisverfahren mit der Hochdruck-Flüssigchromatographie beschrieben.

Verwechslungen mit anderen Naturstoffen, die in Lebensmitteln vorkommen, sind nicht selten. Es ist daher manchmal notwendig, erste Analysenbefunde im Massenspektrometer zu überprüfen. Biotests wurden vielfach beschrieben, doch sind sie ausnahmslos zu unspezifisch. Auch mit Zellkulturen lassen sich keine sicheren Ergebnisse erzielen, die für das eine oder andere Toxin charakteristisch wären, obwohl die Empfindlichkeit dieser Nachweisverfahren z. T. sehr groß ist (10).

Die Mykotoxinforschung ist noch in vollem Gange, und es werden weltweit in Ringversuchen Nachweisverfahren erprobt, die dann in die Gesetzgebung aufgenommen werden sollen.

3. Kontaminationswege und Vorkommen in Lebensmitteln

Rohprodukte, die mit dem Erdboden in Berührung gekommen sind, sind stets stark mit Bakterien und Pilzen belastet. Unter diesen Keimen können, je nach Zustand des Erdreiches (Mist- und Jauchedünger, Klärschlamm usw.) Pathogene und Toxinbildner sein.

Neben dem Boden gibt es noch andere Reservoire, aus welchen eine dauernde Neuinfektion zu erwarten ist. Das sind die Wildtiere, Haustiere und der Mensch selbst (Dauerausscheider), die Importe aus Ländern mit mäßigem oder geringem Hygienestandard − hier vor allem Futtermittel − und die heimkehrenden Touristen; derzeit sind z. B. etwa 20 % der Typhus- und Paratyphus-Fälle Touristen. Die Rolle der Gastarbeiter wird in diesem Zusammenhang oft überschätzt.

Verbreitungszentren sind Jahrmärkte und Rummelplätze, Küchen für die Gemeinschaftsverpflegung. Von Betrieben der lebensmittelbe- und -verarbeitenden Industrie gehen auch Infektionen aus, die zwar nicht häufig sind, aber fast immer einen recht großen Personenkreis erfassen.

Für alle Infektionen des Magen-Darm-Traktes einschließlich der Clostridium perfringens-Vergiftung gilt das stark vereinfachende, aber zutreffende Infektionsschema der drei großen F (27):

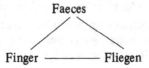

69

3.1 Lebensmittelinfektionen

Salmonellosen nehmen unter diesen Erkrankungen heute die erste Stelle ein (Abb. 5). 1971 war die Zahl der gemeldeten Fälle in der BRD noch 10710, 1973 waren es schon 15986 und 1975 über 30000 (16). Die Höhe der Dunkelziffer, d.h. die tatsächliche Zahl der Erkrankungen wird hier mindestens doppelt so hoch, bei den „banaleren" Lebensmittelvergiftungen etwa 10mal so hoch wie die Zahl der gemeldeten Fälle sein.

In der von *Seeliger* (17) übernommenen Abb. 6 sind die Infektionswege der Salmonellen in ihrer Vielfalt dargestellt. Es fällt dabei auf, daß die importierten Futtermittel in dieses System von Infektionsketten dauernd neue Salmonellen einspeisen; man sollte annehmen, daß durch eine konsequente Pasteurisierung dieser Materialien – vor allem Fischmehl, Knochenmehl und Kokosprodukte – in den Häfen beim Anlanden die Erkrankungsziffern allmählich zurückgehen müßten, etwa analog den Erfolgen bei der Bekämpfung des Fuchses zur Eindämmung der Tollwut. Die im Durchlaufverfahren mögliche Bestrahlung bietet dazu die technischen Voraussetzungen. Maßnahmen dieser Art hätten sicher Erfolg, müßten aber für den gesamten europäischen Raum gleichmäßig und konsequent durchgeführt werden. Erfahrungen aus Dänemark, wo Futtermittel salmonellenfrei sein müssen, bestätigen diese Annahme (18).

In dichtbesiedelten Gebieten spielen Haustiere, verwilderte Tauben und Möwen, Ratten, Mäuse und Schaben als Überträger eine nicht zu unterschätzende Rolle. Bei einer Untersuchung in England wurden 1 bis 2 % der Hunde und Katzen als symptomlose Dauerausscheider von Salmonellen festgestellt (19).

Im Haushalt und in Großküchen ist die *Schmierinfektion* eine Möglichkeit der Ausbreitung dieser Keime. Vor allem gefrorene Hähnchen sind infolge einer unhygienischen Kühltechnik (Kühlbäder, „spin chiller") in den Schlachtereien vor dem Einfrieren vielfach damit belastet (vergl. Abb. 6). Beim Auftauen werden mit dem Tropfwasser Hände, Tischflächen, Küchengeräte und Handtücher infiziert, die ihrerseits dann Salat, Obst und andere roh gegessenen Nahrungsmittel kontaminieren können. Die Hähnchen selbst werden bei der Hitzebehandlung wieder keimfrei und stellen keine Gefahr dar.

Ein klassischer Infektionsweg, der in Norddeutschland 6000 Erkrankungen, im übrigen Bundesgebiet weitere Tausend Fälle durch infizierten Käse zur Folge hatte, wurde von *Seeliger* (17) beschrieben.

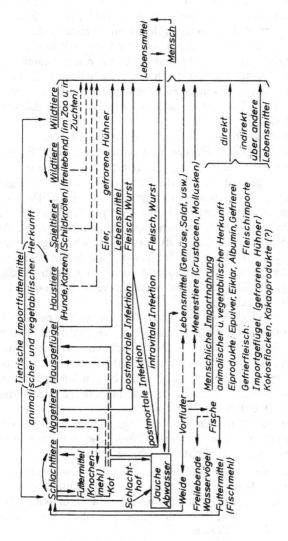

Abb. 6: **Beispiele für die Vielfältigkeit der Infektionswege und Infektionsketten von Salmonellen (17)**

Dieser Ausbruch wird wiedergegeben, weil er für Lebensmittelinfektionen allgemein typisch ist: „Die Käsepackungen waren im Handbetrieb unter Verwendung von Leim von einer Frau etikettiert worden, die selbst an einer durch den späteren Epidemie-Typ *Salmonella bareilly* verursachten Enteritis gelitten und wahrscheinlich die Erreger auf den Leim übertragen hatte, worin sich Salmonellen halten und vermehren konnten. Die Frau lebte auf einem Bauernhof mit einem Schweinebestand, der durch den gleichen Salmonella-Typ verseucht war, offensichtlich durch Fütterung mit Fleischmehlprodukten ausländischer Herkunft, in denen wiederum dieselben Salmonella-Keime gefunden worden sind."

Lebensmittel, die häufig als Überträger von Salmonellosen genannt werden, sind: Eipulver, Flüssigei und andere Eiprodukte; Enteneier, die wegen der hohen Belastung mit Salmonellen besonders gekennzeichnet sein müssen, im Handel aber nur noch eine sehr geringe Bedeutung haben; gefrorenes Geflügel, rohes Fleisch, Hackfleisch und Konditoreiwaren. Bei Milch und Milchprodukten ist die Wahrscheinlichkeit seit der Pasteurisationspflicht gering geworden. Auch Kokosflocken wurden früher öfter als Salmonellenträger genannt, sind aber durch Verbesserung der Technologie in den Erzeugerländern sicherer geworden. Kakao und daraus hergestellte Produkte; hier erfolgt die Kontamination beim Trocknen der fermentierten Bohnen meist durch Vögel.

Erreger von *Typhus* und *Paratyphus* haben etwa den gleichen Ausbreitungsweg wie die übrigen Salmonellen. Wegen der längeren Inkubationszeit kann man den Ursachen jedoch schwerer nachkommen. Da diese Bakterien in Substraten der Infektionsketten z. T. lange Überlebenszeiten aufweisen (vergl. Tab. 13), können Reinfektionen nach einem Ausbruch u. U. Wochen und Monate später ein erneutes Aufflackern einer Epidemie verursachen.

Die Erreger der *Bakterienruhr* sind gegen Umwelteinflüsse relativ empfindlich (Tab. 13). Wegen der Gleichgültigkeit Ruhrkranker rechnet man aber mit einer erhöhten Gefahr der Schmierinfektion.

Früchte, Gemüse und offen stehengelassene Milch werden leicht durch Fliegen, Ameisen oder Schaben infiziert; „eingearbeitet" findet man Shigellen gelegentlich in Speiseeis, Milchprodukten, Cremeschnitten, Hackfleisch, Wurstwaren und Getränken, wie Eiswasser, Limonaden oder Sodawasser.

Vergiftungen durch *Vibrio parahämolyticus* werden vor allem in Ostasien durch Seefische verursacht, die roh oder unzureichend fermen-

Tab. 13: Überlebensdauer der Erreger wichtiger Lebensmittel-Infektionen in verschiedenen Substraten der Infektionskette (27)

	Salmonella typhi	Salmonella paratyphi	Shigella spp.	Vibrio cholerae
Fäkalien	60 h	2 J	1 d	1 M
Wasser	5–15 d	2 M	2–6 d	2 M
Eis	3 M	–		
Speiseeis	> 2 J	>2 J	2 M	
Erde	5 M	1 J	>3 M	< 2 d
Stubenkehricht	4 M	3 M		
Milch	2–3 d	2 M	1 W	10 d
Butter	3–4 W	–	1 W	< 3 d
Käse	3–4 W	–	1 W	<10 min
rohes Fleisch	8 W	–		
Mehl	–	1 J		
Papiergeld	1–2 d	5 M	1–2 W	
Magensaft		2 min	2 min	24 h*)
Seife				2 W

*) anacid! In acidem Magensaft sofortige Abtötung

tiert gegessen wurden. Auch Krebse, Krabben, Garnelen, Muscheln und Seeigel haben zu Erkrankungen Anlaß gegeben (9).

Cholera dürfte nur als „Urlauberinfektion" eine Rolle spielen. Wegen der gewaltigen Mengen von Erregern, die mit den z. T. beträchtlichen Stuhlmengen ausgeschieden werden, ist trotz der Empfindlichkeit (Tab. 13) dieser Keime außerhalb des natürlichen Biotops „Darm" die Schmierinfektion, die Verschleppung durch Fliegen und Wasser relativ groß. Seefische, Krabben und Garnelen sowie mit „schlechtem" Wasser gewaschene Früchte, Gemüse und nicht ausreichend sauer angemachte Salate waren bei dem letzten Ausbruch in Neapel die wichtigsten Infektionsquellen.

3.2 Clostridium-perfringens-Vergiftung

Während bei allen bisher genannten Infektionen einige hundert bis etwa 10 000 Keime zur Erkrankung führen, müssen bei *Clostridium perfringens* 10^6/g oder mit 100 g eines Gerichtes 10^8 vegetative Keime aufgenommen werden, die sich im Darm dann auf etwa 10^9 vermehren, bevor sie versporen. Zur Verdeutlichung der Größenordnung dieser Zahlen sei erwähnt, daß auf 1 cm^2 Stäbchen von der

Größe von *Cl. perfringens* in einer Schicht dicht an dicht liegend etwa 10^7 Platz haben.

Perfringens-Vergiftungen treten meist bei der Gemeinschaftsverpflegung auf und erfassen normalerweise einen größeren Personenkreis. So berichtet z. B. *Hobbs* (19) für England und Wales von 34 Ausbrüchen mit insgesamt 2439 erkrankten Personen; aus den USA liegt für 1969 eine Angabe von 65 Ausbrüchen mit 18 527 Betroffenen vor. *Seeliger* (17) untersuchte einen Ausbruch in einem Klinikum in Süddeutschland, der über 800 Personen erfaßte.

Von einem Kontaminationsweg im Sinne der Lebensmittelinfektionen läßt sich bei *Cl. perfringens* kaum sprechen. Die Sporen findet man an allen Naturprodukten einschließlich Mehl, Gewürzen und Gelatine. Sie überleben den Kochprozeß und erhalten dabei den für rasches Auskeimen nötigen Hitzeschock. Bei Tiefkühlprodukten findet man die Sporen in wechselnder Zahl; weniger als 2/g werden als annehmbar angesehen, mehr als 10/g sollten nicht vorkommen. Gesetzliche Regelungen gibt es nicht, da diese Verunreinigung bei aller Sorgfalt nicht vermeidbar ist. Wesentlich für eine Vermehrung ist, daß Eiweiß, Kohlenhydrat und Wasser reichlich vorhanden sind, der pH-Wert über 6 liegt und Temperaturen zwischen 15 und 50 °C über mehrere Stunden eingehalten werden. Heimtückisch ist, daß zum Zeitpunkt des Erreichens der krankmachenden Keimzahl sensorisch noch keine Verderbsanzeichen wahrnehmbar sind (20).

Aufgewärmte oder lange warmgehaltene Fleischgerichte stellen die wichtigste Intoxikationsquelle dar. Bei Thermophorverpflegung und Kühlkost muß auf Grund des Temperaturprogrammes auf diesen Erregertyp besonders geachtet werden. Zu lange warmgehaltene oder zu langsam abgekühlte Desserts, Puddings, Cremefüllungen in Backwaren und Torten geben auch relativ häufig zu Beanstandungen Anlaß.

3.3 Lebensmittel-Intoxikationen

Bei *Clostridium botulinum* (Fleisch-, Wurst- oder Fischvergiftung) ist eine Kontamination der Rohprodukte durch Sporen ebenfalls fast nicht vermeidbar. Da Wachstum nur unter anaeroben Verhältnissen und bei pH-Werten im neutralen oder höchstens schwach sauren Bereich erfolgt, sind besonders hausgemachte Fleischkonserven, große Knochenschinken, dicke Stapel aufgeschnittener Wurst, aber auch eingekochte grüne Bohnen oder Bohnenkerne als Risikoprodukte anzusehen. Sachgemäßes Pökeln verhindert das Auskeimen der Sporen wirkungsvoll. Durch geräucherte Forellenfilets mit Botulinustoxin (4) — Diebesgut, das ohne die vorgeschriebene Kühlung an der Straße verkauft wurde — kam es vor einigen Jahren in der BRD zu 4 Todesfällen.

Vergiftungen durch *Staphylococcus aureus* sind neben *Cl. perfringens* die häufigsten Erkrankungsursachen. Die Dunkelziffer ist hier sehr hoch. Im allgemeinen ist die Zahl der bei einem Ausbruch betroffenen Personen nicht so groß wie bei Perfringens. *Hobbs* (19) berichtet z. B. von 12 Fällen mit zusammen 595 Einzelerkrankungen. Einer der spektakulärsten Ausbrüche ereignete sich während der Berliner Blockade 1948 in einer Kantine der US Air Force in Frankfurt durch Brotpudding, was zu einer vorübergehenden Unterbrechung der Versorgungsflüge führte. Wegen der kurzen Inkubationszeit (Tab. 8) und der meist heftig einsetzenden Erkrankung kann es in sog. Zwangsgemeinschaften (Flugzeug, Bahn, geschlossene Anstalten versch. Art) zu ernsten, panikartigen Situationen kommen.

Koagulase-positive Staphylokokken, die sich in sehr großer Zahl oft in eitrigen Wunden an den Händen (Nagelbetteiterungen etc.) finden, können sich in schwach gesäuerten oder neutralen Lebensmitteln ab 15 °C so schnell vermehren und dabei ihre Enterotoxine bilden, daß schon nach wenigen Stunden die Toxinmenge ausreicht, um einen heftigen Brechdurchfall auszulösen. Gerichte und Produkte, die mit bloßen Händen hergestellt werden, sind daher besonders häufig Anlaß zu solchen Ausbrüchen. Aufschnitt, Fleischwurst, geschnittener Käse, schlechte Qualitäten von Weichkäse (21) (zu schwache oder zu langsame Säuerung nach dem Schöpfen des Bruches), schwach gesäuerter Geflügel-, Fleisch-, Wurst-, Käse- oder Kartoffelsalat, Vorspeisen mit Aspik, Geflügelfüllungen, Pasteten, Zunge, kalter Braten, im Haushalt hergestellte Mayonnaise, Konditoreiwaren mit Cremefüllung u. a. m. wurden als Ursachen registriert. Auch hier reicht die Stoffwechseltätigkeit der verursachenden Bakterien und der Begleitflora nicht aus, sensorisch wahrnehmbare, warnende Veränderungen zu erzeugen. Infiziertes Geschirr, Spüllappen, Abtrockentücher, Schneidebretter oder Hackklötze wurden oft als Infektionsquellen der Speisen ermittelt. In Krankenhäusern und Entbindungsheimen sind die Milchküchen (Mastitis und mangelhafte Brustpflege der Wöchnerinnen) immer wieder Ursachen für Ausbrüche.

Sporen von *Bacillus cereus* sind eine normale Kontamination von praktisch allen Rohprodukten, vor allem bei Cerealien und Milch.

Sie überleben das Kochen und Pasteurisieren und keimen nach dem Abkühlen schnell aus. Bei Trinkmilch führen sie zum Verderb in der Packung oder Flasche, was grobsinnlich wahrgenommen wird, so daß keine Vergiftungen vorkommen dürften. Bei warmgehaltenen Gerichten aus Getreidemahlprodukten, vor allem Mais und Reis (22), aber auch Haferflocken und Gries kommt es gelegentlich zur Massenentwicklung, ohne daß ein Verderb bemerkt wird.

Bei *Pilzen* und *Mykotoxinen* kennt man recht unterschiedliche Wege, wie sie in die menschliche Nahrung gelangen. Im Gegensatz zu den bakteriellen Kontaminationen ist Pilzbewuchs sichtbar, und so befallene Lebensmittel werden vom Verbraucher normalerweise abgelehnt. Fand der Pilzbefall jedoch bereits auf dem Feld, beim Transport oder im Lager statt und kam es in diesen frühen Stadien zur Toxinbildung, dann können durch geeignete Be- und Verarbeitungsschritte das „warnende" Pilzmycel und die farbigen Konidienmassen unsichtbar werden, und es erinnert günstigenfalls noch ein muffiger oder kelleriger Geruch oder Geschmack an den einstigen Grad des Verderbs. Man spricht dann von getarntem Mykotoxinvorkommen. Ein Beispiel hierfür ist Patulin in Apfelsaft; von *Penicillium expansum* befallene, braunfaule Äpfel können bis zu 1 g Patulin pro kg Faulstelle enthalten, das beim Auspressen in den Saft gelangt. Ähnlich liegen die Verhältnisse bei der Verarbeitung aflatoxinhaltiger Erdnüsse zu Erdnußbutter oder bei der Herstellung von pflanzlichen Ölen, wobei die Toxine in den Preßkuchen zurückbleiben.

Diese Preßrückstände, vor allem Erdnußkuchen oder -schrot, enthalten sehr häufig z. T. große Mengen Aflatoxine (10), die unseren Haustieren als Futtermittel gegeben werden. Bis zu 1 % des aufgenommenen Toxins wird mit der Milch als Aflatoxin M wieder ausgeschieden und kommt so in die menschliche Nahrung (Abb. 7). Das neue Futtermittelrecht nennt daher Höchstmengen für Aflatoxin B_1, die je nach Verwendungszweck zwischen 10 und 50 ppb liegen. *Kiermeier* (pers. Mitt.) fand kürzlich, daß auch Sterigmatocystin auf diesem Weg in die Milch gelangen kann.

Beim Trocknen der Milch bleibt Aflatoxin M erhalten und wurde auch schon in Milchpulver und Säuglingsnahrung nachgewiesen.

Der als „transmission" oder „carry over" bezeichnete Übergang von Schadstoffen aus Futtermitteln in Lebensmittel tierischer Herkunft gewinnt im Falle der vorzugsweise in warmen Klimazonen gebildeten Mykotoxine zunehmend an Bedeutung, da der Verbrauch an Zukauffutter bei unserer Tierhaltung weiterhin stark ansteigt; von 1953 bis

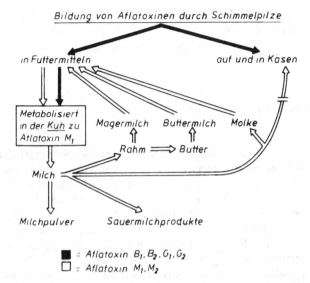

Abb. 7: Schematische Darstellung der Herkunft von Aflatoxinen in Milch und Milchprodukten nach *Kiermeier* (26)

1973 hat sich der Import eiweißreicher Ölkuchen in die BRD verzehnfacht. Rückstände an Aflatoxinen, Sterigmatocystin, Ochratoxin wurden im Fleisch und in Organen, vor allem der Leber, bei Schlachttieren und Geflügel festgestellt, ohne daß bei der Fleischbeschau an den Tieren pathologische Veränderungen aufgefallen wären (23). *Lötzsch* und *Leistner* (24) stellten den Übergang von Aflatoxinen aus Futtermitteln in Eier fest. Die gesundheitspolitische Relevanz dieser Beobachtungen läßt sich z. Z. nicht ganz abschätzen, doch sollte ein weiteres Ansteigen solcher Kontaminationen wegen der enormen Carcinogenität von Aflatoxin B_1 (s. S. 55) auf alle Fälle verhindert werden.

Da praktisch alle Lebensmittel verschimmeln können, ist es nicht sinnvoll, potentiell mykotoxinhaltige Produkte aufzuzählen. Es sei jedoch darauf hingewiesen, daß in Produkten mit Zuckergehalten um 60 % und mehr bisher keine Mykotoxine nachgewiesen werden konnten und daß Fütterungsversuche von Ratten und Forellen keinen Hinweis auf toxische oder carcinogene Wirkungen von Camembert- oder Roquefort-Schimmel erbrachten (25). Pflanzenöle für die menschliche Ernährung werden durch die vorgeschriebene Behandlung (raffinieren und bleichen) stets frei von ev. vorher vorhandenen Mykotoxinen; das gleiche gilt auch für Maisstärke, da sie beim Naßmahlen von Aflatoxinen und Zearalenon befreit wird.

4. Gesetzliche Regelungen

Der Verbraucher soll durch ein ziemlich lückenloses Netz gesetzlicher Regelungen gegen Mikroorganismen und deren Toxine in Lebensmitteln geschützt werden. Dies gilt aber nur für solche Produkte, die im Handel sind – in Verkehr gebracht werden –, nicht aber für solche, die selbst erzeugt oder im Haushaltsbereich nach dem Erwerb mißhandelt werden und daher verdorben sind. Die Grenze ist hier nicht immer klar zu ziehen – man denke an Familienfeste, Betriebsfeste, Gefälligkeitsverköstigung in Pensionen und vieles andere mehr.

Der vorgesehene Schutz ist, im Gegensatz zu chemischen Verunreinigungen von Lebensmitteln, nur in wenigen Fällen quantitativ festgelegt, weil eine Quantifizierbarkeit des Beginnes eines gesundheitlichen Risikos – etwa im Sinne eines ADI-Wertes – meist nicht fixierbar ist. Es wurde weiter oben schon mehrfach auf die enormen Schwankungsbreiten bei den Methoden der Mikrobiologie und auch bei der Auslösung von Krankheitssymptomen beim Menschen mit sehr unterschiedlicher Reaktionslage hingewiesen.

Etwas vereinfachend kann festgestellt werden, daß eine Gruppe von gesetzlichen Maßnahmen die Lebensmittel selbst, so wie sie in den Verkehr gebracht werden, betreffen. Hier ist das Lebensmittel- und Bedarfsgegenständegesetz (LMBG) zu nennen, das Milchgesetz, die Diätverordnung, die Hackfleischverordnung, die Trinkwasserverordnung, die Speiseeisverordnung u. a. Eine andere Gruppe von Vorschriften befaßt sich mit Randgebieten, die direkt oder indirekt Einfluß auf die hygienische Qualität der Nahrungsmittel haben, etwa das Fleischbeschaugesetz, das Bundesseuchengesetz (BSG) sowie einige Verordnungen auf Länderebene.

Generell ist allen rechtlichen Regelungen der ersten Gruppe eigen, daß Lebensmittel frei von pathogenen Keimen sein müssen, was aus den geschilderten Gründen nicht lückenlos überwacht werden kann. Dafür ist die Kontrolle von Indikatororganismen (vergl. S. 66) in einer Reihe von Fällen vorgeschrieben und ihre Zahl limitiert. Auch die aerobe Gesamtkeimzahl wird in manchen Fällen reglementiert, doch ist ihre Bedeutung als Hygienestandard in zunehmendem Maße umstritten. Die Trinkwasser-VO schreibt z. B. vor, daß 100 ml Trinkwasser keine *Eschrichia coli* enthalten dürfen. Die gleiche Menge soll auch keine Coliformen enthalten (Richtwert) und die Zahl der aeroben Keime soll nach 48 h bei 20 °C Bebrütungstemperatur auf einem vorgeschriebenen Nährboden 100 pro ml nicht überschreiten. Bei Trinkwasser in geschlossenen Behältern darf die Koloniezahl 1000 pro ml erreichen. Milch, Lebensmittel für Säuglinge und als diätetische Lebensmittel für Säuglinge und Kleinkinder deklarierte Produkte dürfen nicht mehr als 10 000 aerobe Keime pro ml und maximal 150 aerobe Sporenbildner oder andere eiweißabbauende Bakterien pro ml enthalten.

0,1 ml muß frei von Coliformen und *E. coli* sein. Nährboden und Verfahren zum Nachweis sind in der Diät-Verordnung vorgeschrieben. Anaerobe Sporenbildner dürfen nicht in unzulässigen Mengen nachweisbar sein, was nur unzureichend definiert ist.

Flankierend zu diesen Grenzkeimzahlen werden vielfach Maßnahmen vorgeschrieben, die sicherstellen sollen, daß durch Limitierung der Lager- und Transporttemperatur, der Lagerzeiten und der Verpakkung die Vermehrung von Mikroorganismen vom Rohprodukt bis zum Verkauf an die Letztverbraucher auf ein Mindestmaß begrenzt bleibt; bestimmte Grundanforderungen an die Ausbildung der mit Lebensmitteln in Berührung kommenden Personen, Anforderungen an Räume und Einrichtungen, Hinweise zur Reinigung und Desinfektion der Gerätschaften u. ä. sollen die Reinfektion während der Be- und Verarbeitung und während des Vertriebes so niedrig wie möglich halten.

Ähnlich der Höchstmengenregelung für verschiedene chemische Substanzen schreibt die Aflatoxin-VO vor, daß Erdnüsse und daraus hergestellte Produkte, verschiedene Nüsse, Getreide und ausschließlich daraus hergestellte Produkte (z. B. Mehl, Grieß u. a.) sowie einige andere Produkte nicht mehr als 10 ppb Aflatoxin $B_1 + B_2 + G_1 + G_2$ enthalten dürfen; Aflatoxin B_1 darf in keinem Falle mehr als 5 ppb betragen. Diese Verordnung wird vom Futtermittelgesetz ergänzt, das zur Verhütung des „carry over" (vgl. S. 76) [für Handelsfuttermittel Höchstmengen für Aflatoxin B_1 festlegt.

Die zweite Gruppe gesetzlicher Regelungen hat mehr vorbeugenden Charakter. So sieht z. B. das Fleischbeschaugesetz eine Lebenduntersuchung schlachtbarer Haustiere vor sowie eine Fleischuntersuchung nach dem Schlachten, Organe und Muskulatur werden auch auf Finnen von Bandwürmern untersucht und Schweine unterliegen der Trichinenschau. Hygiene-Verordnungen einzelner Bundesländer decken den Bereich der Betriebe und Personen ab, die gewerbsmäßig Lebensmittel be- und verarbeiten, Einrichtungen der Außerhaus-Verpflegung, Märkte, Kioske und den Handelsbereich. Das Bundesseuchengesetz schließlich ist eng mit lebensmittelhygienischen Problemen verknüpft; es wurde schon vorher erwähnt, daß einige übertragbare Krankheiten durch unsere Nahrungsmittel und durch Wasser weiterverbreitet werden können. Hier wird auch festgelegt, daß Dauerausscheider (vergl. S. 50) einer ständigen amtsärztlichen Kontrolle unterstehen, Wechsel von Wohnsitz und Arbeitsplatz melden müssen und in Lebensmittelbetrieben, bei der Milchgewinnung, in Lebensmittelläden, Wasserwerken und in der Getränkeherstellung nicht beschäftigt werden dürfen. Von dieser harten Maßnahme sind in der BRD etwa 8000 Menschen betroffen; es handelt sich dabei nicht um eine Diskriminierung von einzelnen Personen, sondern um einen Schutz der Bevölkerung vor Seuchen. Auch die Meldepflicht von Cholera, Salmonellose, Ruhr, Typhus und Paratyphus sowie allen anderen Lebensmittelvergiftungen und infektiöser Hepatitis ist im BSG festgelegt; analoge Bestimmungen gelten in Österreich, Schweiz und vielen anderen Ländern.

Alle diese Regelungen sind mit Hinweisen auf die anzuwendenden Methoden versehen und beinhalten Strafandrohungen, um den notwendigen Schutz des Verbrauchers zu gewährleisten.

Literatur

1. *Bergey's* Manual of Determinative Bacteriology, Eighth Edition (Baltimore 1974).
2. *Wiesmann, E.*, Medizinische Mikrobiologie (Stuttgart 1974).
3. WHO, Technical Report Series 598, Microbiological aspects of food hygiene (Genf 1976).
   Schlegel, H. G., Allgemeine Mikrobiologie (Stuttgart 1976).
   Rehm, H.-J., Industrielle Mikrobiologie (Berlin–Heidelberg–New York 1967).
4. *Cann, D. C., Taylor, Y. Lesley* and *G. Hobbs*, J. appl. Bact. **39**, 331 (1975).
5. *Goepfert, J. M., W. M. Spira* and *H. U. Kim*, J. Milk and Food Technol. **35**, 213 (1972).
6. *Walker, H. W.*, Critical Rev. in Food Sc. and Nutr. **7**, 71 (1975).

7. *Jawetz, E., J. L. Melnick* und *E. A. Adelberg,* Medizinische Mikrobiologie (Berlin–Heidelberg–New York 1968).
8. *Knothe, H., H. Seeliger, W. Döll* und *B. Wiedermann,* Zbl. Bakt. I Orig. **211,** 110 (1970).
9. *H. Nakanishi, L. Leistner, H. Hechelmann* und *J. Baumgart,* Arch. Lebensmittelhyg. **19,** 49 (1968).
   Fujino, T. u. a., Vibrio parahaemolyticus (Tokio 1974).
10. *Frank, H. K.,* Aflatoxine; Bildungsbedingungen, Eigenschaften und Bedeutung für die Lebensmittelwirtschaft (Hamburg 1974).
    Rodricks, J. V., Mycotoxins and other fungal related food problems (Washington, D. C. 1976).
11. Verordnung zur Änderung der Konservierungsstoff-Verordnung und anderer lebensmittelrechtlicher Vorschriften, 31. Jan. 1975, Bundesgesetzblatt Teil I, 429 (1975).
12. Verordnung über die Verwendung von Schwefeldioxid, 13. Aug. 1969, Bundesgesetzblatt Teil I, 1326 (1969).
13. *Thatcher, F. S.* and *D. S. Clark,* Microorganisms in food (Toronto 1968).
14. *Hauschild, A. H. A.* and *R. Hilsheimer,* Appl. Microbiol. **27,** 78 (1974).
15. Aflatoxin, Analysenverfahren zur Bestimmung der Aflatoxine B_1, B_2, G_1 und G_2 in Lebensmitteln, Bundesgesundheitsblatt **18,** 230 (1975).
16. *Großklaus, D.,* Arch. Lebensmittelhyg. **27,** 197 (1976).
17. *Seeliger, H. P. R.,* Entstehung und Verhütung von mikrobiellen Lebensmittelinfektionen und -vergiftungen (Paderborn 1971).
18. *Althoff, W.,* Bundesgesundheitsblatt **20,** 3–8 (1977).
19. *Hobbs, Betty C.,* Food poisoning and food hygiene. 3. Edition (London 1974).
20. *Hauschild, A. H. W.,* Fleischwirtschaft **52,** 873 (1972).
21. *Sinell, H.-J.,* Ernährungs-Umschau **4,** 154 (1971).
    Untermann, F. und *H.-J. Sinell,* Zbl. Bakt. I. Abt. Orig. **215,** 166 (1970).
22. *Raevuori, M., T. Kiutamo, A. Niskanen* and *K. Salminen,* J. Hyg., Camb. **76,** 319 (1976).
23. *Krogh, P., B. Hald, E. Hasselager, A. Madsen, H. P. Mortensen, A. E. Larsen* and *A. D. Campbell,* Pure and Appl. Chem. **35,** 275 (1973).
24. *Lötzsch, R.* und *L. Leistner,* Carry-over-Effekt von Aflatoxinen bei Fleisch, DFG-Forschungsbericht „Rückstände in Fleisch und Fleischerzeugnissen" (Bad Godesberg 1975).
    Lötzsch, R. und *Leistner, L.,* Fleischwirtschaft **56,** 1777 (1976).
25. *Frank, H. K., R. Orth, S. Ivankovic, M. Kuhlmann* and *D. Schmähl,* Experientia **33,** 515 (1977).
26. *Kiermeier, F.,* Z. Lebensm.-Unters. u. -Forschg. **151,** 237 (1973).
27. *Reber, H.,* Praktische Epidemiologie mikrobieller Infektionskrankheiten (Basel 1963).

IV. Pesticide (Pflanzenbehandlungsmittel) und pharmakologisch wirksame Stoffe als Rückstände in Lebensmitteln

Vorbemerkung: In dem Kapitel IV werden Stoffe abgehandelt, die irgendwann – größtenteils absichtlich – unmittel- oder mittelbar in unsere Lebensmittel pflanzlicher oder tierischer Herkunft gelangen, und von denen gewisse Anteile als *Rückstände* in unseren Lebensmitteln verbleiben.

1. Pesticide (Pflanzenbehandlungsmittel)

Ausgangspunkt der Kontamination der Lebensmittel mit Pesticid-Rückständen ist die Anwendung derartiger Mittel zu den im Pflanzenschutzgesetz (1) definierten Zwecken:
1. Pflanzen vor Schadorganismen und Krankheiten zu schützen (Pflanzenschutz),
2. Pflanzenerzeugnisse vor Schadorganismen zu schützen (Vorratsschutz).

Unter Pflanzen versteht man dabei: Lebende Pflanzen und lebende Pflanzenteile einschließlich der Früchte und Samen.

Als Schadorganismen gelten:
a) Tierische Schädlinge,
b) pflanzliche Schädlinge, insbesondere Unkräuter, parasitische höhere Pflanzen sowie schädliche Moose, Algen, Flechten und Pilze,
c) schädliche Mikroorganismen einschließlich schädlicher Bakterien und Viren

in allen Entwicklungsstufen.

Welchen Wirtschaftsfaktor der Markt für Pflanzenbehandlungsmittel derzeit darstellt, geht am besten aus Tab. 14 hervor (2):

Tab. 14: Weltmarkt Pflanzenschutzmittel*) 1974 (Mio. DM, Großhandelspreise)

Region	Insekticide**)	%	Fungicide	%	Herbicide	%	Sonstige	%	Insgesamt	%	Anteil am Weltmarkt %
Westeuropa	680	21	870	27	1510	47	168	5	3 228	100	20,6
davon											
BRD	50	11	85	19	280	64	25	6	440	100	2,8
Frankreich	220	19	280	25	560	50	70	6	1 130	100	7,2
Italien	140	28	225	45	110	22	23	5	489	100	3,2
Übrige	270	23	280	24	560	48	50	4	1 160	100	7,4
Osteuropa	630	22	800	28	1300	45	145	5	2 875	100	18,3
USA/Kanada	1000	28	235	6	2350	65	45	2	3 630	100	23,1
Lateinamerika	1100	58	250	13	520	28	15	1	1 885	100	12,0
Afrika	460	60	130	17	120	16	55	7	765	100	4,9
Asien/Mittl. Osten	1500	49	680	22	800	26	70	2	3 050	100	19,4
davon Japan	681	41	477	29	461	28	37	2	1 656	100	10,5
Australien/Neuseeland	80	30	35	13	150	56	2	1	267	100	1,7
Welt	5450	35	3000	19	6750	43	500	3	15 700	100	100,0

*) Ohne Haushalts- und Hygienemittel; ohne VR China. Werte ermittelt nach Jahresendkursen 1974.
**) Einschließlich Akarizide und Nematizide.

1.1 Angewandte Wirkstoffe, Anwendungszweck

Die Vielfalt der hierbei eingesetzten, überwiegend synthetischen chemischen Stoffe sollen die folgenden Beispiele zeigen: Für die verschiedenen Anwendungsbereiche werden die bekanntesten, problematischsten oder heute gebräuchlichsten Wirkstoffe sowie ihr Anwendungszweck genannt.

1.1.1 Insecticide, Acaricide

(= Mittel gegen Schadinsekten und Spinnmilben)

1.1.1.1 Chlorkohlenwasserstoff

Wirkstoff

Lindan (gamma-HCH)
gamma-1,2,3,4,5,6-Hexachlor-
cyclohexan
BHC, Gammexan

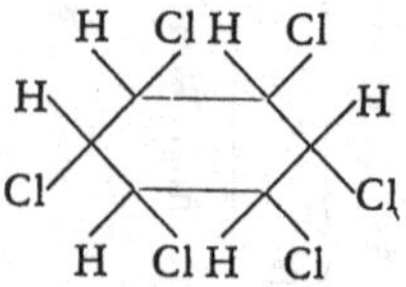

Anwendung

Saatgutbehandlungsmittel bei Getreide, Rüben, Leguminosen, verschiedenen Gemüsearten, hauptsächlich gegen Drahtwurmfraß, Engerlinge, Erdflöhe; allein und in Kombinationspräparaten (Fungicide) bei Gemüse und Obst gegen beißende Insekten, Maulwurfsgrillen.

alpha-, beta-Hexachlorcyclo-
hexan(α, β-HCH)

Anwendung in der BRD nicht mehr zulässig.

Diese Isomeren, evtl. auch delta- und epsilon-HCH, treten als Rückstände entweder bei der Anwendung technischer HCH-Gemische oder infolge Isomerisierung auf.

p,p'-DDT
4,4-Dichlordiphenyltrichloraethan

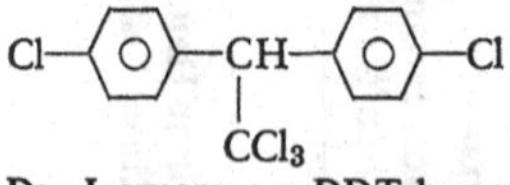

Anwendung in der BRD nicht mehr zulässig.

Das Isomere o,p-DDT kann bis zu 30 % in technischen Produkten enthalten sein.

Wirkstoff	*Anwendung*

Methoxychlor
2,2-Bis-(p-methoxiphenyl)-
1,1,1-trichloraethan

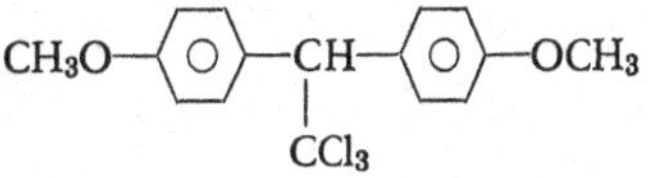

$$CH_3O-\langle O \rangle-CH-\langle O \rangle-OCH_3$$
$$|$$
$$CCl_3$$

gegen
die Kirschfruchtfliege bei Kirschen,
Kartoffelkäfer bei Kartoffeln, Kohl-
schotenrüßler, Kohlschotenmücke,
Rapsglanzkäfer bei Weizen, Roggen,
Raps; saugende und beißende Insekten
in Obst- und Gemüsekulturen

Endosulfan
Thiodan
6,7,8,9,10,10-Hexachlor-
1,5,5a,6,9,9a-hexahydro-
6,9-methano-2,4,3-benzo(e)-
dioxathiepin-3-oxid

Meistens werden alpha- und beta-
Endosulfan im Verhältnis 4 : 1
angetroffen.

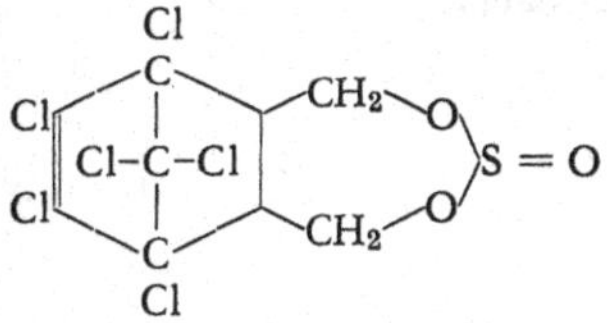

gegen
beißende und saugende Insekten

bei zahlreichen Gemüsen,
Obst (Kern-, Stein-, Beeren-), Kartof-
feln, Rüben, Raps, Ackerbohnen,
Futtermitteln; gegen Maiszünsler bei
Mais.

Aldrin
HHDN
1,2,3,4,10,10-Hexachlor-
1,4,4a,5,8,8a-hexahydro-1,4-
endo-5,8-exo-di-methano-naph-
thalin

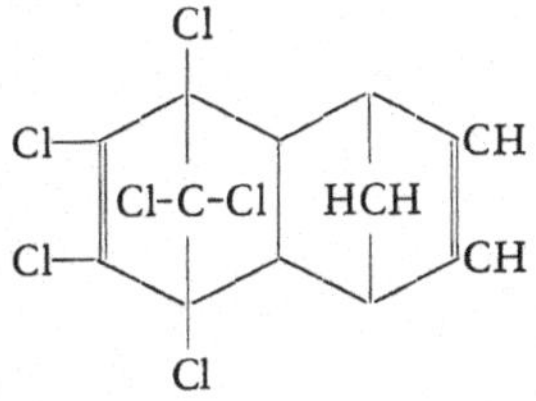

gegen
Dickmaulrüßler

bei
Wein

85

Wirkstoff

Dieldrin
HEOD
1,2,3,4,10,10-Hexachlor-
6,7-epoxy-1,4,4a,5,6,7,8,8a-
octahydro-1,4-endo-5,8-exo-
dimethano-naphthalin,
Epoxyd des Aldrins

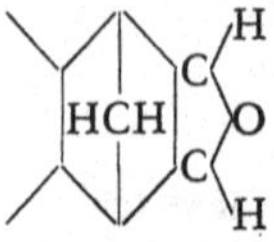

Anwendung

Anwendung seit 1971 in der BRD
nicht zulässig.

Heptachlor
1,4,5,6,7,8,8-Heptachlor-
3a,4,7,7a-tetrahydro-4,7-endo-
methano-inden

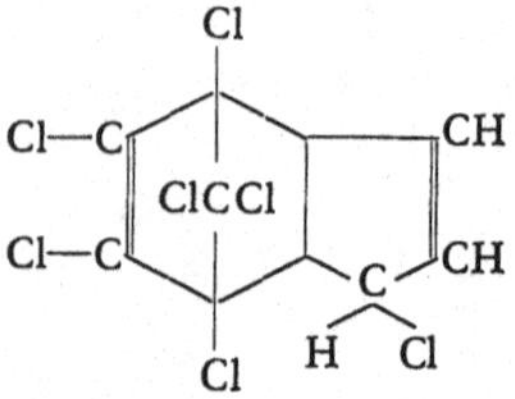

gegen
Bodeninsekten, Drahtwurm, Moos-
knopfkäfer

bei
Rübensaatgut

Heptachlorepoxid
1,4,5,6,7,8,8-Heptachlor-
2,3-epoxy-3a,4,7,7a-tetrahydro-
4,7-endo-methano-indan

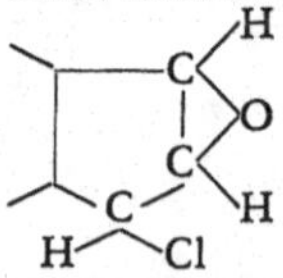

Epoxid A und B sind möglich; biologisch wird B gebildet, ist wesentlich
toxischer als Heptachlor.

86

1.1.1.2 Organophosphorsäureester (PE)

Wirkstoff	*Anwendung*

Azinphos-äthyl
Gusathion H
0,0-Dimethyl-S-(4-oxo-3H-
1,2,3-benzotriazin-3yl)-methyl-
dithiophosphat

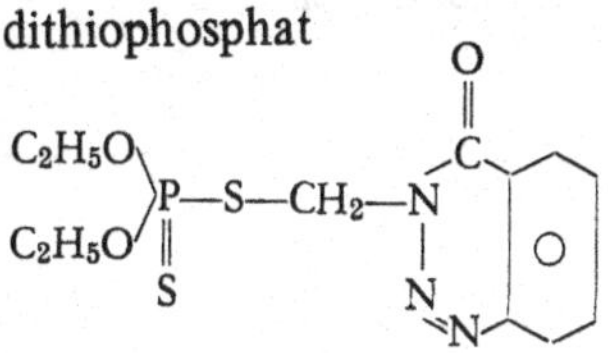

gegen
Kartoffelkäfer; beißende, saugende
Insekten, Spinnmilben

bei
Kartoffeln; Getreide, Raps, Rüben,
Futtermitteln, Gemüse, Bohnen,
Tomaten, Gurken.

$$C_2H_5O\text{—}P(S)\text{—}S\text{—}CH_2\text{—}N\text{—}C(O)\dots$$

Azinphos-methyl
Gusathion
0,0-Dimethyl-S-(4-oxo-3H-1,2,3-
benzo-triazin-3yl)-methyl-dithio-
phosphat

gegen
beißende, saugende Insekten, Obstmade, Spinnmilben

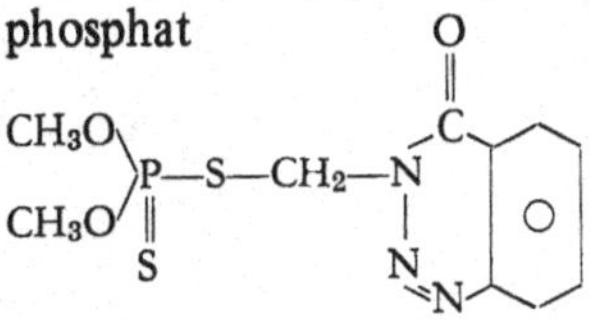

bei
Obst, Gemüse, Spargel, Wein

$$CH_3O\text{—}P(S)\text{—}S\text{—}CH_2\text{—}N\text{—}C(O)\dots$$

Dimethoat
Rogor, Perfekthion
0,0-Dimethyl-S-(2oxo-3-aza-butyl)-
dithiophosphat

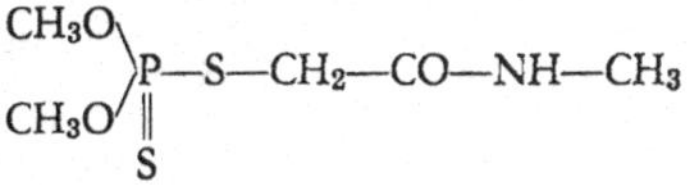

gegen
saugende Insekten, Schildläuse,
Spinnmilben; Kirschfruchtfliege,
Möhrenfliege, Spargelfliege; Rübenfliege, Blattläuse

bei
Gemüse, Obst, Wein; Kirschen, Möh-
ren, Spargel; Kartoffeln, Rüben,
Getreide, Futtermitteln

$$CH_3O\text{—}P(S)\text{—}S\text{—}CH_2\text{—}CO\text{—}NH\text{—}CH_3$$

Fenitrothion
0,0-Dimethyl-0-(3-methyl-4-nitro-
phenyl)-monothiophosphat

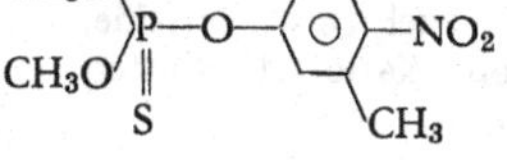

gegen
beißende, saugende Insekten; Rübenfliege; Traubenwickler

bei
Gemüse, Spargel, Obst, Kartoffeln,
Getreide, Klee; Rüben; Wein

$$CH_3O\text{—}P(S)\text{—}O\text{—}C_6H_3(CH_3)\text{—}NO_2$$

| Wirkstoff | Anwendung |

Methidathion

0,0-Dimethyl-S-(2-methoxy-1,3,4-thiadiazol-5-[4H]-onyl-[4]-methyl-dithiophosphat

gegen
beißende, saugende Insekten, Spinn-milben, Obstmade, Sägewespen, Traubenwickler

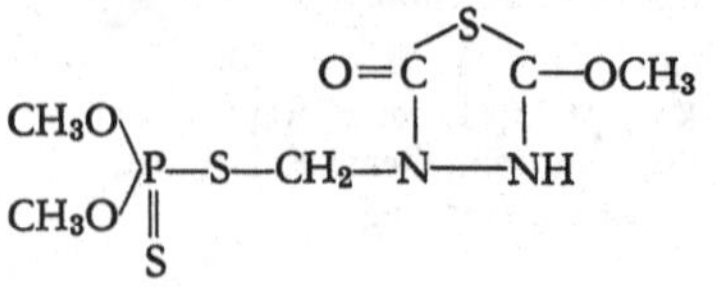

bei
Obst, Erdbeeren, Kartoffeln, Rüben, Kern-, Steinobst, Wein

```
                    S
                    ‖
           O=C     C—OCH3
CH3O                
     \P—S—CH2—N——NH
CH3O/ ‖
     S
```

Mevinphos

Phosdrin, PD 5
0-(2-Methoxycarbonyl-l-methyl-vinyl)-0,0-dimethylphosphat

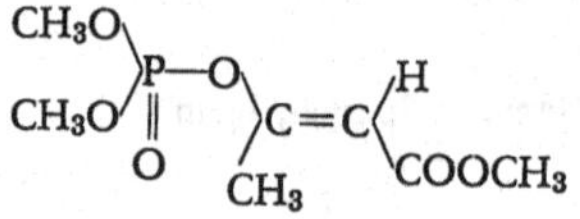

gegen
beißende, saugende Insekten, Spinn-milben

bei
Obst, Erdbeeren, Gemüse, Getreide, Kartoffeln, Raps, Rüben, Futter-mitteln

```
CH3O
    \P—O               H
CH3O/ ‖     \C=C/
     O    /        \
       CH3          COOCH3
```

Malathion

S-[1,2-bis-(Äthoxy-carbonyl)-äthyl]-0,0-dimethyl-dithiophos-phat

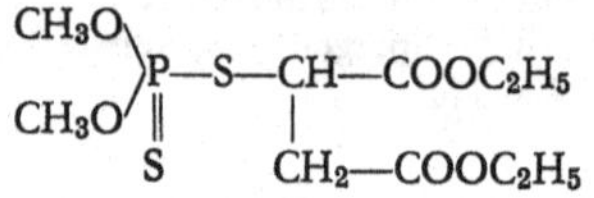

gegen
saugende Insekten, Spinnmilben, Schildläuse

bei
Getreide, Kartoffeln, Rüben, Gemüse, Obst

```
CH3O
    \P—S—CH—COOC2H5
CH3O/ ‖      |
     S    CH2—COOC2H5
```

Parathion(-äthyl)

E 605, Eftol
0,0-Diäthyl-0-(4-nitro-phenyl)-monothiophosphat

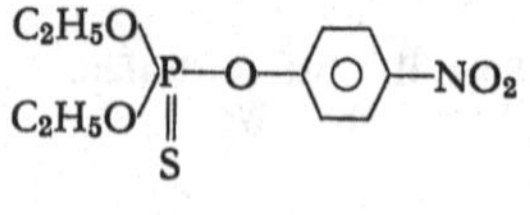

gegen
beißende, saugende Insekten, Erd-raupen, Schildläuse, Spinnmilben, Tipula, Blattläuse, Rübenfliege, Trau-benwickler

bei
Gemüse, Spargel, Obst, Getreide, Rüben, Raps, Kartoffeln, Futter-mitteln, Wein

```
C2H5O
     \P—O—(O)—NO2
C2H5O/ ‖
     S
```

Wirkstoff	Anwendung

Wirkstoff

Anwendung

Parathion-methyl
ME 605
0,0-Dimethyl-0-(4-nitro-phenyl)-
monothiophosphat

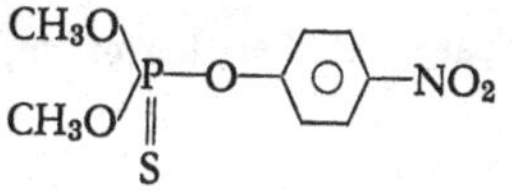

gegen
beißende, saugende Insekten, Schildläuse, Obstmaden, Drahtwürmer,
Engerlinge, Erdraupen, Tipula; Reb-
stichler, Traubenwickler, Spinnmilben

bei
Gemüse, Spargel, Obst, Getreide,
Kartoffeln, Raps, Rüben, Futtermitteln;
Wein

CH₃O, P—O—⟨O⟩—NO₂ ... (structure)

Phosphamidon
0-(2-Chlor-3-diäthylamino-1-
methyl-3-oxo-1-en-yl)-0,0-
dimethylphosphat

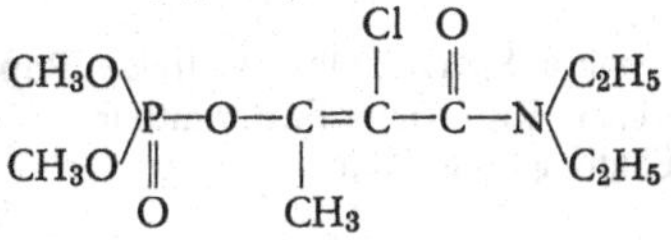

gegen
beißende, saugende Insekten, Spinnmilben; Rübenfliege; Traubenwickler

bei
Gemüse, Spargel, Obst, Getreide;
Kartoffeln, Raps, Rüben, Klee; Wein

(structure)

1.1.1.3 Halogenierte Organophosphorsäureester

Bromophos
Nexion
0-(4-Brom-2,5-dichlor-phenyl)-
0,0-dimethyl-monothiophosphat

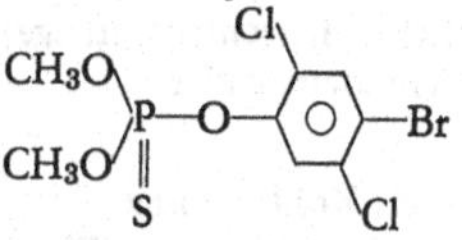

gegen
beißende, saugende Insekten, Drahtwurm, Engerlinge, Obstmade, Sägewespen, Kohlfliege, Möhren- und
Zwiebelfliege, Fritfliege

bei
Gemüse, Spargel, Obst, Getreide,
Kartoffeln, Raps, Rüben, Futter-
mitteln

(structure)

Dibrom
Naled
0-(1,2-Dibrom-2,2-dichlor-äthyl)-
0,0-dimethyl-phosphat

gegen
beißende, saugende Insekten, Spinnmilben

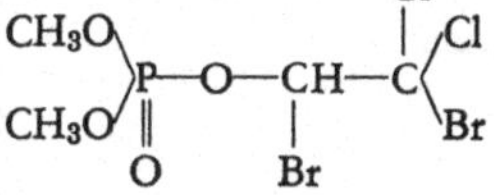

bei
Gemüse, Obst, Erdbeeren, Getreide,
Kartoffeln, Raps, Rüben, Futter-
mitteln

(structure)

Wirkstoff	Anwendung

Chlorfenvinfos
Birlane
Diäthyl-[2-Chlor-1-(2,4-dichlor-phenyl)]-vinyl-phosphat

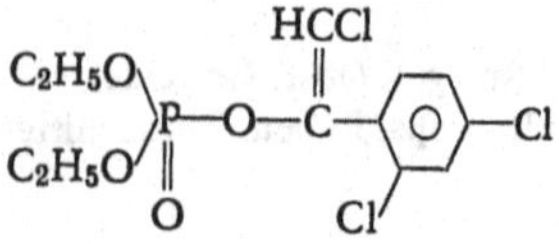

gegen
beißende Insekten, Kohl-, Möhren-, Rüben-, Wurzel- und Zwiebelfliege, Fritfliege, Kartoffelkäfer

bei
Gemüse, Spargel, Gurken, Kartoffeln, Rüben, Mais

$$C_2H_5O \diagdown \atop C_2H_5O \diagup P \underset{O}{\overset{}{\parallel}} O-C\underset{Cl}{\overset{HCCl}{\parallel}}\text{—}\bigcirc\text{—Cl}$$

Dichlorvos
DDVP, Vapona
0-(2,2-Dichlorvinyl)-0,0-dimethyl-phosphat

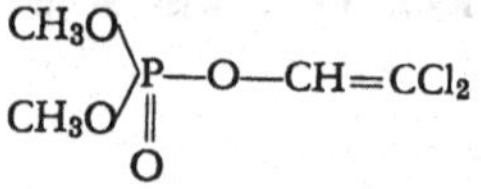

gegen
beißende, saugende Insekten; Buckelfliege; Traubenwickler

bei
Gemüse, Spargel, Obst, Getreide, Raps, Rüben, Kartoffeln, Futtermitteln; Champignons; Wein

$$CH_3O \diagdown \atop CH_3O \diagup P \underset{O}{\overset{}{\parallel}} O-CH=CCl_2$$

1.1.1.4 Carbamate

Carbaryl
Sevin
N-Methyl-l-naphthyl-carbamat

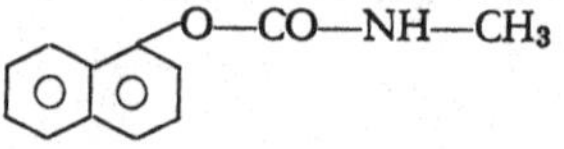

gegen
beißende Insekten; Kirschfruchtfliege; Sägewespen; Traubenwickler

bei
Obst, Erdbeeren, Kohl, Erbsen, Kartoffeln; Kirschen; Pflaumen; Wein

$$\text{(Naphthyl)}\text{—O—CO—NH—CH}_3$$

Methomyl
Lannate
S-Methyl-N-[(methylcarbamoyl)-oxy]thioacetimidat

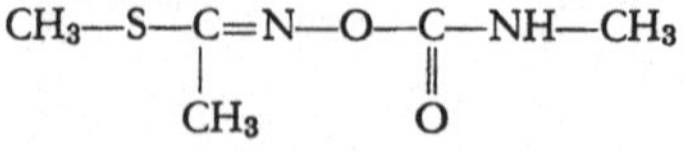

gegen
beißende, saugende Insekten; Traubenwickler

bei
Gemüse; Wein

$$CH_3\text{—S—}\underset{CH_3}{\overset{}{\underset{|}{C}}}=N\text{—O—}\underset{O}{\overset{}{\underset{\parallel}{C}}}\text{—NH—CH}_3$$

Wirkstoff	Anwendung
Promecarb Carbamult 5-Isopropyl-3-methylphenyl-N-methylcarbamat 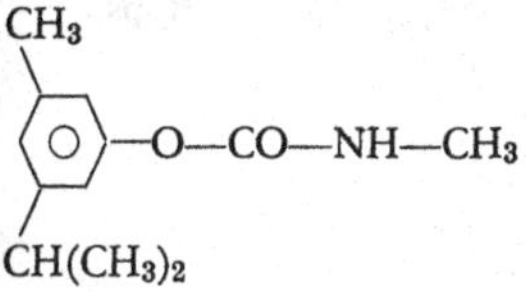	gegen beißende Insekten, Sägewespen, Kartoffelkäfer bei Kernobst, Pflaumen, Erbsen, Kohl, Kohlrabi, Kartoffeln, Raps, Rüben

CH₃

〈○〉—O—CO—NH—CH₃

CH(CH₃)₂

| Propoxur
Unden
2-Isopropoxyphenyl-N-methyl-carbamat 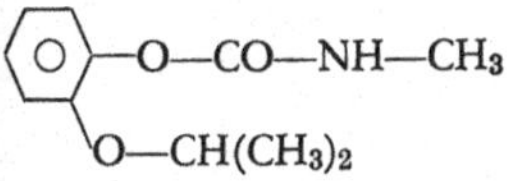 | gegen
beißende, saugende Insekten, Säge-
wespen, Schildlaus, Kartoffelkäfer

bei
Gemüse, Spargel, Obst, Getreide,
Kartoffeln, Rüben |

〈○〉—O—CO—NH—CH₃

　　O—CH(CH₃)₂

1.1.1.5 Naturstoffe mit insecticider Wirkung

| Nikotin
L-3-(1-Methyl-pyrrolidin-2yl)-
pyridin 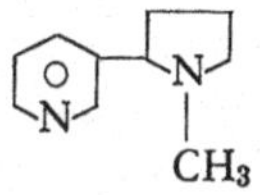 | gegen
beißende, saugende Insekten

bei
Gemüse, Obst |

CH₃

| Pyrethrine
Pyrethrum-Extrakt aus Chrysanthe-
mum cinerariaefolium (Pyrethrin I
und II, daneben Cinerin I und II,
Allethrin u. a.)
Allgemeines Strukturschema: | gegen
beißende, saugende Insekten, Kartof-
felkäfer; Buckelfliege; Traubenwickler

bei
Obst, Gemüse, Kartoffeln, Raps,
Rüben; Champignons; Wein |

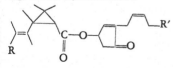

Wirkstoff	Anwendung

Rotenon
Derris
1,2,12,12a-Tetrahydro-2-isopropenyl-8,9-dimethoxy-[1]-benzopyrano-[3,4-b]furo-[2,3-h]-[1]-benzopyran-6-on

gegen
beißende, saugende Insekten, Blattläuse, Kartoffelkäfer; Traubenwickler

bei
Obst, Gemüse, Kartoffeln, Raps, Rüben; Wein

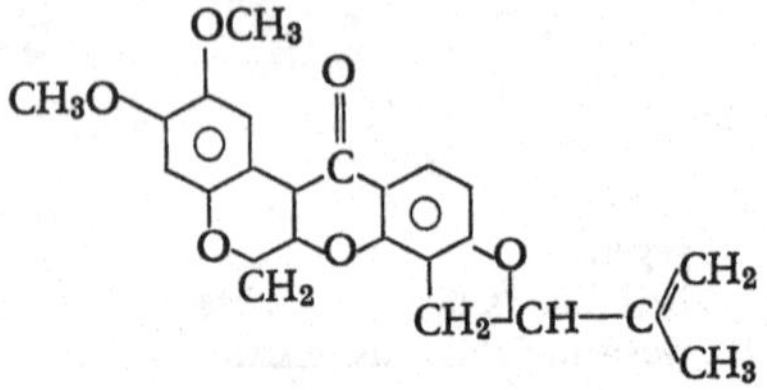

1.1.1.6 Spezielle Acaricide

Ethion
S,S'-Methylen-bis-(0,0-diäthyldithiophosphat)

gegen
Spinnmilben

bei
Beeren- Kern- und Steinobst, Erdbeeren

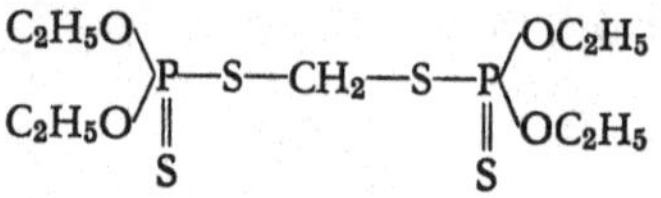

Kelthane
Dicofol
2,2,2-Trichlor-1,1-bis-(4-chlorphenyl)-äthanol

gegen
Spinnmilben

bei
Obst, Bohnen, Gurken, Wein

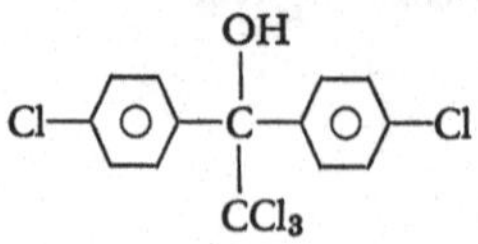

Wirkstoff	Anwendung
Tetradifon Tedion 2,4,5,4'-Tetrachlor-diphenylsulfon 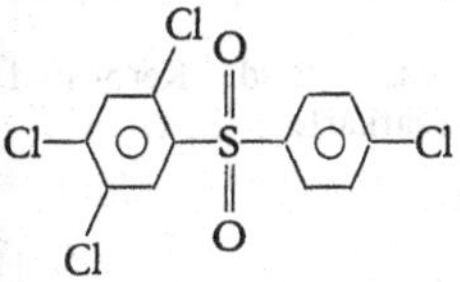	gegen beißende Insekten, Schildlaus, Säge- wespen; Traubenwickler, Spinnmilben bei Obst in Kombination mit Parathion- methyl; Wein

Tetrasul Animert 2,4,5,4'-Tetrachlor-diphenylsulfid 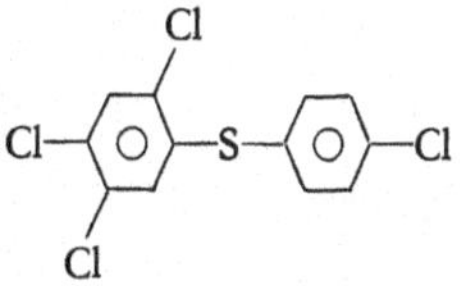	gegen saugende Insekten, Spinnmilben bei Gurken, Tomaten

1.1.2 Fungicide

(= Mittel zur Bekämpfung von Pilzkrankheiten)

Diese Gruppe der Pflanzenbehandlungsmittel hat in den letzten 6 bis 8 Jahren sehr an Bedeutung gewonnen. Welche agrikulturtechnischen Gründe, wie Düngung, Fruchtfolgen, Monokulturen o.ä., dabei eine Rolle gespielt haben mögen, soll hier außer Acht bleiben. Nicht unerheblich dürfte zu diesem Anstieg aber der ständig zunehmende Unterglasanbau beigetragen haben.

1.1.2.1 Anorganische Fungicide

Kupferoxichlorid $3 Cu(OH)_2 \cdot CuCl_2$ Kupfersulfat in Verbindung mit Kalkmilch $CuSO_4 \cdot 5 H_2O$	gegen Rost, Schorf, Falschen Mehltau; Kraut- und Knollenfäule; Reben- peronospora bei Obst, Spargel, Endivie, Raps, Rüben; Kartoffeln; Wein

Wirkstoff	Anwendung
Schwefel Kolloidschwefel, Netzschwefel S_x, vorwiegend S_6 bis S_8	gegen Echten Mehltau, Schorf, Auflauf- krankheiten, Kräuselmilbe bei Erbsen, Gurken, Getreide, Kern- und Beerenobst, Saatkartoffeln, Wein

1.1.2.2 Organische Fungicide

1.1.2.2.1 Dithiocarbamate und Thiuramdisulfide

Thiram TMTD, Pomarsol Tetramethyl-thiuram-disulfid	gegen Schorf, Botrytis cinerea, Auflauf- krankheiten, Rebenperonospora bei Kernobst, Erdbeeren, Endivie, Kopf- salat, Gemüse, Wein

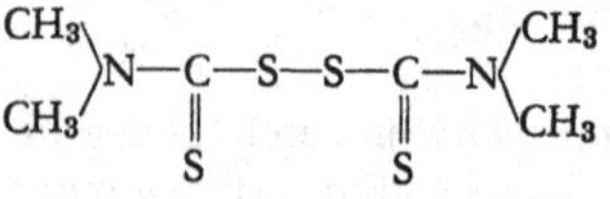

$$\underset{CH_3}{\overset{CH_3}{\diagdown}}N-\underset{\underset{S}{\|}}{C}-S-S-\underset{\underset{S}{\|}}{C}-N\underset{CH_3}{\overset{CH_3}{\diagup}}$$

Ferbam Eisen(III)-tris(N,N-dimethyl- dithiocarbamat)	gegen Schorf bei Kernobst

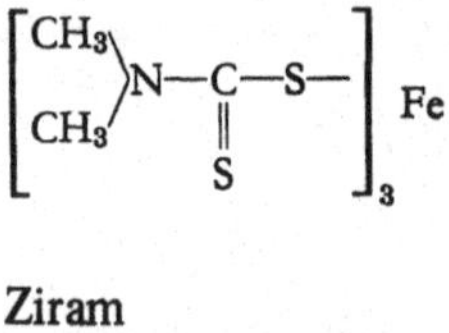

$$\left[\underset{CH_3}{\overset{CH_3}{\diagdown}}N-\underset{\underset{S}{\|}}{C}-S-\right]_3 Fe$$

Ziram Zink-dimethyldithiocarbamat	gegen Schorf bei Kernobst

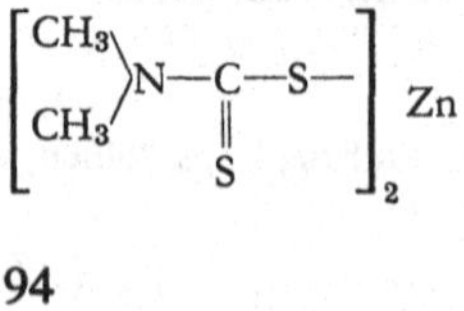

$$\left[\underset{CH_3}{\overset{CH_3}{\diagdown}}N-\underset{\underset{S}{\|}}{C}-S-\right]_2 Zn$$

Wirkstoff	Anwendung
Maneb Dithane M-22 Mangan(II)-[N,N'-äthylen-bis-(dithiocarbamat)] 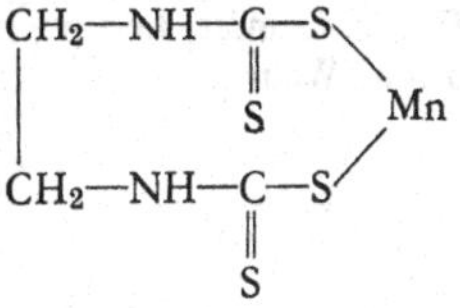	gegen Auflaufkrankheiten: Falschen Mehltau; Rostpilze; Rebenperonospora; Schorf bei Kartoffeln, Rüben; Gemüse; Spargel; Beerenobst; Wein; Kernobst

$$CH_2—NH—C—S\diagdown$$
$$\underset{S}{\overset{\|}{}}\quad Mn$$
$$CH_2—NH—C—S\diagup$$
$$\underset{S}{\overset{\|}{}}$$

Wirkstoff	Anwendung
Zineb Dithane Z 78 Zink-[N,N'-äthylen-bis-(dithiocarbamat)] 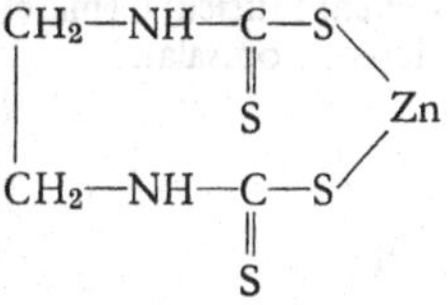	gegen Schorf; Rost; Rebenperonospora bei Kern-, Steinobst; Spargel; Wein

$$CH_2—NH—C—S\diagdown$$
$$\underset{S}{\overset{\|}{}}\quad Zn$$
$$CH_2—NH—C—S\diagup$$
$$\underset{S}{\overset{\|}{}}$$

Wirkstoff	Anwendung
Mancozeb Dithane ultra Mangan-Zink-äthylendiamin-bis-dithiocarbamat (Maneb-Zineb-Komplex)	gegen Schorf; Falschen Mehltau; Braun-, Krautfäule; Auflaufkrankheiten; Roten Brenner bei Kern-, Steinobst; Gurken; Tomaten; Gemüse; Wein

1.1.2.2.2 Sonstige, sehr häufig vorkommende Fungicide

Wirkstoff	Anwendung
Benomyl Benlate 1-(N-Butylcarbamoyl)-2-(methoxy-carbonamido)-benzimidazol 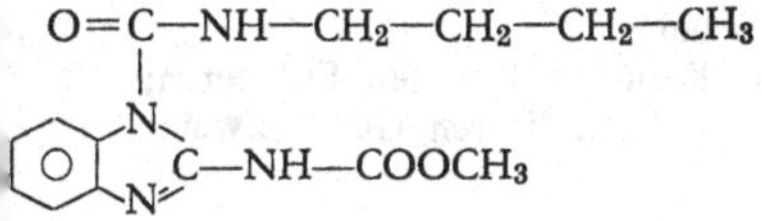	gegen Schorf; Echten Mehltau; Botrytis cinerea; Stein-, Flugbrand bei Kernobst; Gurken; Kopfsalat, Erdbeeren; Getreidesaatgut

$$O=C—NH—CH_2—CH_2—CH_2—CH_3$$

$$C—NH—COOCH_3$$

Wirkstoff	Anwendung

Captafol
Difolatan
N-(1,1,2,2-Tetrachloräthylthio)-
3a,4,7,7a-tetrahydrophthalimid

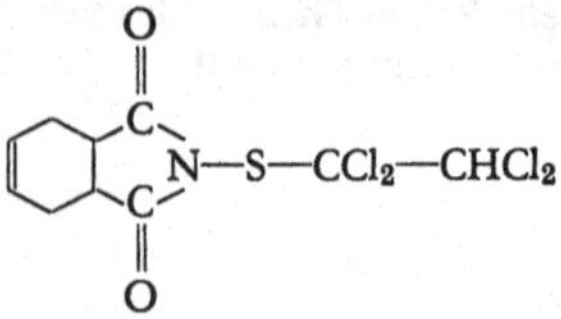

gegen
Schorf; Kräuselkrankheit; Auflauf-
krankheiten; Kraut- und Knollenfäule;
Rebenperonospora, Roten Brenner

bei
Kernobst; Pfirsich; Gemüse, Leguminosen; Kartoffeln; Wein

Captan
Orthocid
N-(Trichlormethylthio)-tetra-
hydrophthalimid

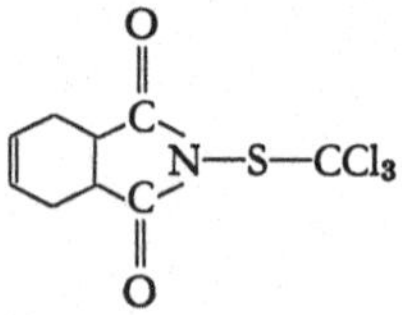

gegen
Schorf; Bitterfäule; Kräuselkrankheit;
Auflaufkrankheiten; Botrytis cinerea,
Rebenperonospora

bei
Kernobst; Kirschen; Pfirsich; Gemüse;
Mais, Leguminosen; Kopfsalat, Wein

Dichlofluanid
Euparen
N-[(Dichlor-fluor-methyl)-thio]-
N,N'-dimethyl-N-phenyl-
schwefelsäurediamid

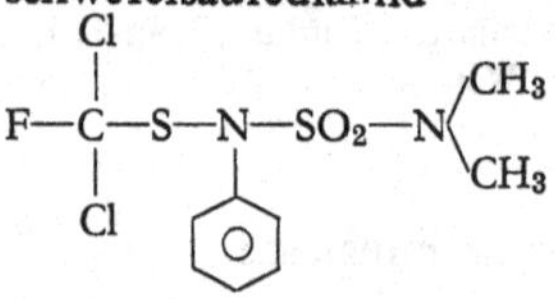

gegen
Botrytis cinerea; Schorf; Kräuselkrankheit; Rebenperonospora, Roten Brenner

bei
Kopfsalat, Tomaten, Beerenobst;
Kernobst; Pfirsich; Wein

Folpet
Phaltan
N-Trichlormethylthiophthalimid

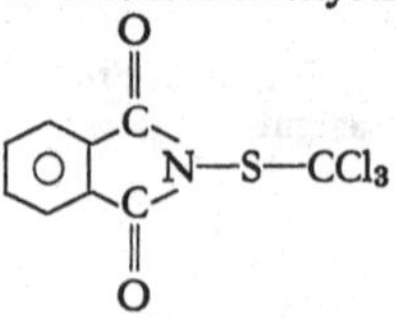

gegen
Schorf; Bitterfäule; Fruchtfäule;
Brennfleckenkrankheit; Botrytis
cinerea, Rebenperonospora, Roten
Brenner

bei
Kernobst; Kirschen; Erdbeeren;
Bohnen, Erbsen, Gurken; Wein

Wirkstoff	Anwendung
Hexachlorbenzol (HCB) Bis zu 3 % auch in Quintozen enthalten! 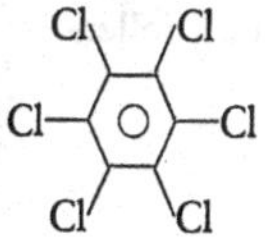	Anwendung in der BRD nicht mehr zulässig.

Cl, Cl
Cl—(O)—Cl
Cl, Cl

Quintozen
PCNB, Brassicol
Pentachlornitrobenzol

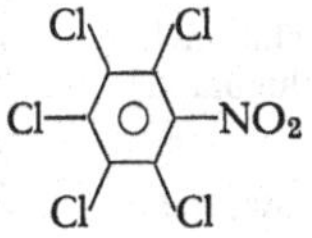

als Saatgutbehandlungsmittel

bei
Getreide, außer Mais; Kartoffeln

Cl, Cl
Cl—(O)—NO$_2$
Cl, Cl

In Deutschland über sehr lange Zeit zur Bodenbehandlung eingesetzt, vor allem auch im Unterglasanbau; im Ausland heute noch verwendet

Tecnazen
TCNB
2,3,5,6-Tetrachlor-3-nitrobenzol

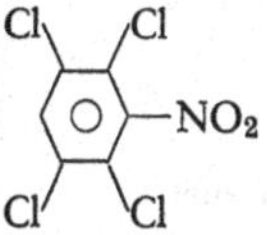

In der BRD nur bei Zierpflanzen unter Glas zugelassen

Cl, Cl
(O)—NO$_2$
Cl, Cl

Thiabendazol
Tecto
2-(4-Thiazolyl)-benzimidazol

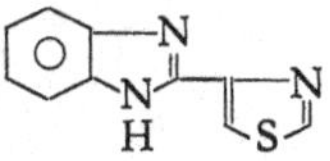

gegen
Schorf, Echten Mehltau

bei
Kernobst; Oberflächenbehandlungsmittel für Bananen, Citrusfrüchte

1.1.2.3 Metallorganische Fungicide

Wirkstoff	*Anwendung*
Fentin-acetat	**gegen**
Brestan	Möhrenschwärze; Kraut-, Knollen-
Acetoxy-triphenyl-stannan	fäule
	bei
	Möhren; Kartoffeln

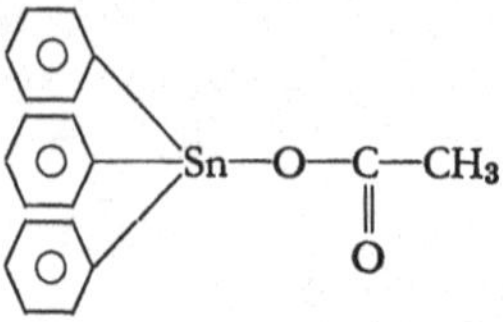

$$\text{(3 phenyl)} \quad Sn-O-\underset{\underset{O}{\|}}{C}-CH_3$$

Methoxyäthylquecksilberchlorid	**gegen**
Ceresan-Naßbeize	Steinbrand; Schneeschimmel;
$CH_3-O-CH_2-CH_2-Hg-Cl$	Streifenkrankheit; Flugbrand
	bei
	Weizen; Roggen; Gerste; Hafer

Phenylquecksilberacetat	**gegen**
PMA	Steinbrand; Schneeschimmel;
	Streifenkrankheit; Flugbrand

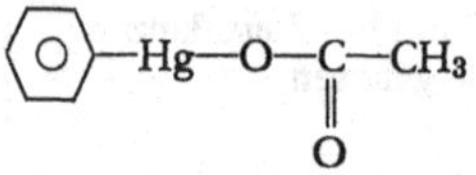

$$\text{(phenyl)}-Hg-O-\underset{\underset{O}{\|}}{C}-CH_3$$

bei
Weizen; Roggen; Gerste; Hafer

Phenylquecksilberchlorid	**gegen**
PMC	Steinbrand; Schneeschimmel;
	Streifenkrankheit; Flugbrand

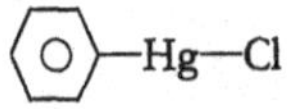

$$\text{(phenyl)}-Hg-Cl$$

bei
Weizen; Roggen; Gerste; Hafer

Genannt seien weiterhin:

Methylquecksilberpentachlorphenolat,
Methoxyäthyl-quecksilber-silikat,
Äthyl-quecksilber-phosphat,
Phenyl-quecksilber-brenzkatechin

1.1.3 Herbicide

(= Mittel zur Unkrautbekämpfung)

Diese Mittel haben in der BR Deutschland wohl als Folge der geänderten Produktionsweisen in der Landwirtschaft (Fruchtfolge, Mechanisierung, Arbeitskräftemangel) den bei weitem größten Marktanteil errungen.

Wirkstoff	*Anwendung*
Alachlor 2-Chlor-2',6'-diäthyl-N-methoxy- methylacetanilid 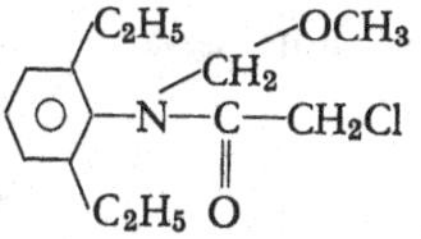	gegen Hirsearten, Unkräuter bei Mais, Gemüsekohl

Amitrol 3-Amino-1,2,4-triazol 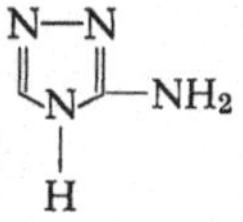	gegen Quecke; Unkräuter bei allen Ackerbaukulturen; Kernobst

Atrazin 2-Äthyl-amino-4-chlor-6-iso- propylamino-1,3,5-triazin 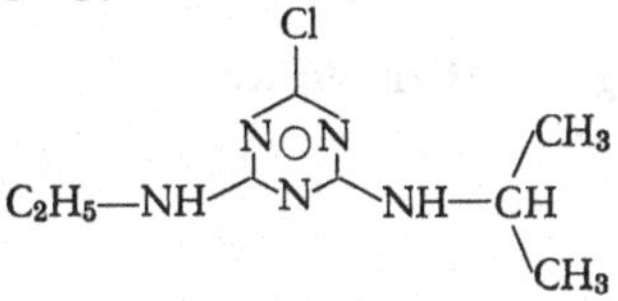	gegen Unkräuter, Quecke bei Mais, Spargel

Bromacil 5-Brom-6-methyl-3-(1-methyl- propyl)urazil 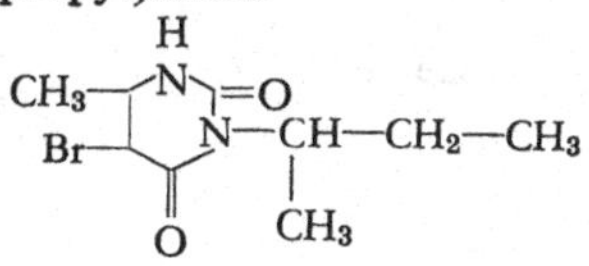	gegen Unkräuter bei Kernobst

Wirkstoff	*Anwendung*

Buturon
N-(4-Chlorphenyl)-N'-methyl-
N'-isobutinyl-harnstoff

gegen
Auflaufende Unkräuter; Windhalm,
zweikeimblättrige Unkräuter

bei
Beerenobst, Wein; Wintergetreide

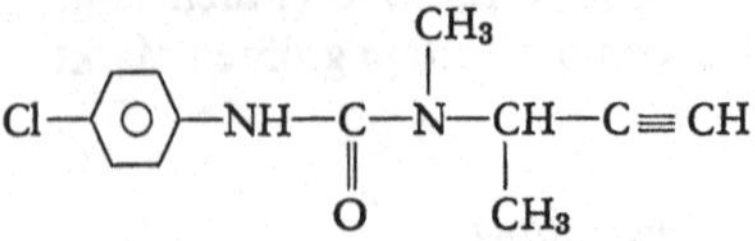

$$Cl\!-\!\!\langle O \rangle\!\!-\!NH\!-\!\underset{\underset{O}{\|}}{C}\!-\!\underset{\underset{CH_3}{|}}{\overset{\overset{CH_3}{|}}{N}}\!-\!CH\!-\!C\!\equiv\!CH$$

Chlorbufam
3-Chlorphenyl-carbamidsäure-
butin-(1)-yl-(3)-ester

gegen
Unkräuter

bei
Gemüse, Möhren, Rote Beete

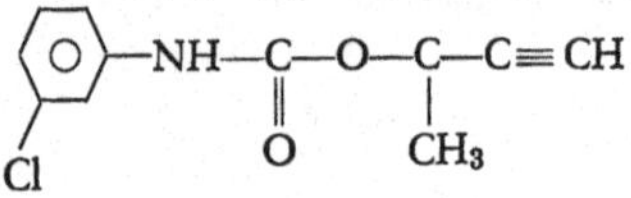

$$\underset{Cl}{\langle O \rangle}\!-\!NH\!-\!\underset{\underset{O}{\|}}{C}\!-\!O\!-\!\underset{\underset{CH_3}{|}}{C}\!-\!C\!\equiv\!CH$$

Chlorpropham (CIPC)
Isopropyl-N-(3-chlorphenyl)-
carbamat

als Keimhemmungsmittel bei
Kartoffeln

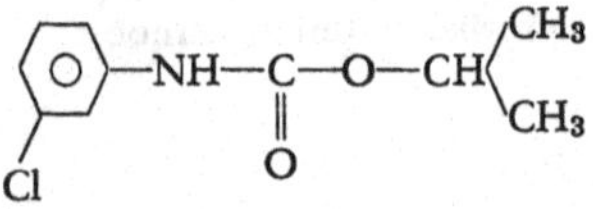

$$\underset{Cl}{\langle O \rangle}\!-\!NH\!-\!\underset{\underset{O}{\|}}{C}\!-\!O\!-\!CH\!\overset{CH_3}{\underset{CH_3}{<}}$$

Chloroxuron
Tenoran
3-[4-(4-Chlorphenoxy)-phenyl]-
1,1-dimethylharnstoff

gegen
Unkräuter

bei
einigen Gemüsen, Möhren

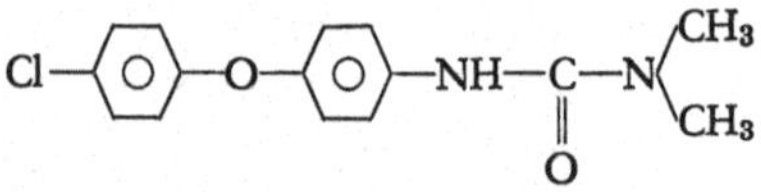

$$Cl\!-\!\langle O \rangle\!-\!O\!-\!\langle O \rangle\!-\!NH\!-\!\underset{\underset{O}{\|}}{C}\!-\!N\!\overset{CH_3}{\underset{CH_3}{<}}$$

Chlortoluron
N-(3-Chlor-4-methylphenyl)-
N,N'-dimethylharnstoff

gegen
ein- und zweikeimblättrige Unkräuter

bei
Wintergetreide

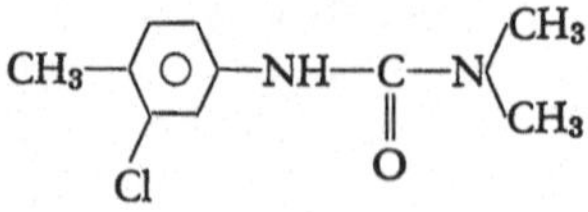

$$CH_3\!-\!\underset{Cl}{\langle O \rangle}\!-\!NH\!-\!\underset{\underset{O}{\|}}{C}\!-\!N\!\overset{CH_3}{\underset{CH_3}{<}}$$

100

Wirkstoff	*Anwendung*

2,4-D
2,4-Dichlorphenoxyessigsäure

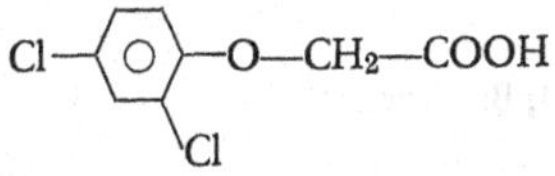

$$Cl-\text{\large\bigcirc}-O-CH_2-COOH$$
$$\quad\quad Cl$$

gegen
zweikeimblättrige Unkräuter

bei
Sommer- und Wintergetreide;
in Kombinationspräparaten bei Kernobst

Deiquat
1,1-Äthylen-2,2'-dipyridylium-
dibromid

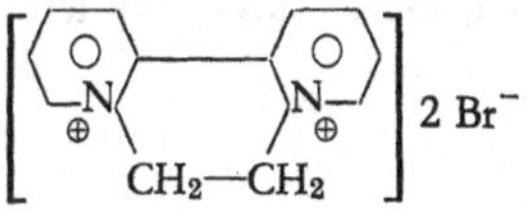

$$\left[\text{\large\bigcirc}\overset{\oplus}{N}\quad\overset{\oplus}{N}\text{\large\bigcirc} \right] 2\ Br^-$$
$$CH_2-CH_2$$

gegen Unkräuter
beim Ackerbau;

zur Krautabtötung
bei Kartoffeln, Gemüse, Erdbeeren

Desmetryn
2-Isopropylamin-4-methylamin-
6-methylthio-1,3,5-triazin

$$S-CH_3$$
$$CH_3-NH-\overset{N}{\underset{N}{\diagup}}\overset{N}{\diagdown}-NH-CH\overset{CH_3}{\underset{CH_3}{\diagup}}$$

gegen
Unkräuter

bei
Gemüsekohl

Diallat
DDTC
N,N-Isopropyl-2,3-dichlorallyl-
thiolcarbamat

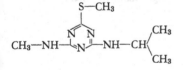

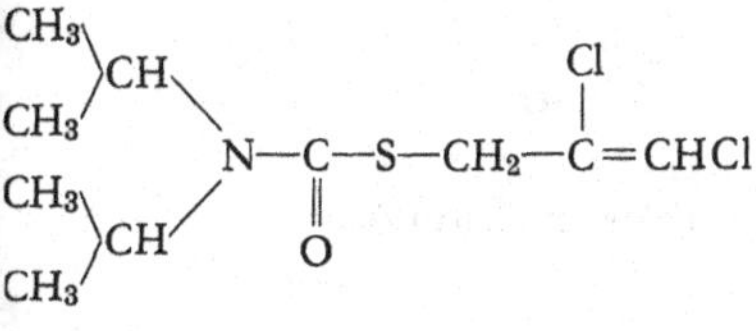

$$CH_3\diagdown$$
$$\quad\quad CH$$
$$CH_3\diagup \quad\diagdown$$
$$\quad\quad\quad N-C-S-CH_2-C=CHCl$$
$$CH_3\diagdown\quad \|\quad\quad\quad Cl$$
$$\quad\quad CH\quad O$$
$$CH_3\diagup$$

gegen
Ackerfuchsschwanz, Flughafer,
Unkräuter

bei
Erbsen, Rote Beete, Zucker- und
Futterrüben

Wirkstoff	Anwendung

Diuron
3-(3,4-Dichlorphenyl)-
1,1-dimethylharnstoff

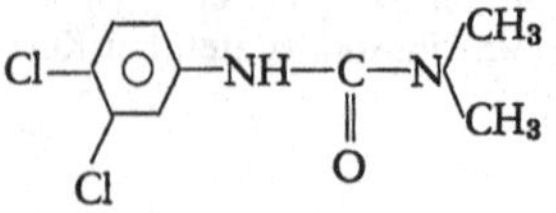

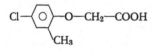

gegen
Unkräuter; auflaufende Unkräuter in
Kombinationspräparaten

bei
Spargel; Beerenobst

Lenacil
3-Cyclohexyl-5,6-trimethyluracil

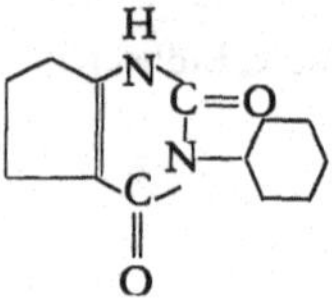

gegen
auflaufende Unkräuter; Unkräuter

bei
Erdbeeren; Spinat, Zucker-, Futterrüben

Linuron
3-(3,4-Dichlorphenyl)-1-meth-
oxy-1-methyl-harnstoff

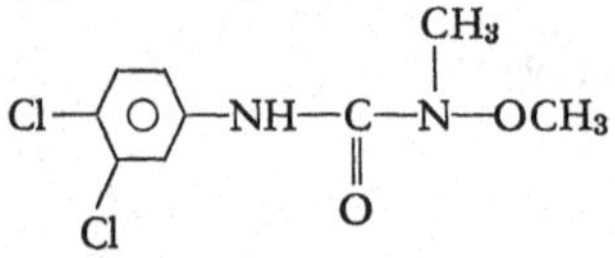

gegen
Unkräuter; auflaufende Unkräuter

bei
Erbsen, Bohnen, Möhren, Sellerie,
Spargel, Kartoffeln; Wein

MCPA
2-Methyl-4-chlorphenoxyessig-
säure

gegen
Brennessel-Arten; zweikeimblättrige
Unkräuter

bei
Kernobst; Sommer- und Wintergerste,
Wein

Metobromuron
N-(4-Bromphenyl)-N'-methyl-N'-
methoxy-harnstoff

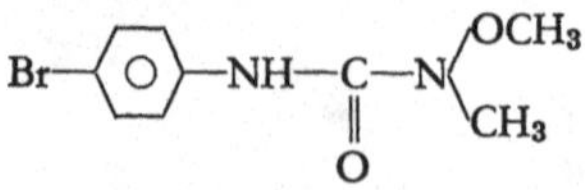

gegen
Unkräuter

bei
Feldsalat, Kartoffeln

102

Wirkstoff	Anwendung

Metoxuron
N'-(3-Chlor-4-methoxyphenyl)-
N,N-dimethylharnstoff

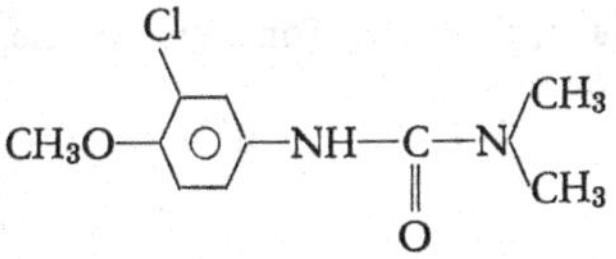

gegen
Unkräuter; Windhalm; ein- und zweikeimblättrige Unkräuter

bei
Möhren; Wintergetreide; Sommer-
weizen

$$CH_3O—\langle O \rangle—NH—C—N\begin{smallmatrix}CH_3\\ \\CH_3\end{smallmatrix}$$
(mit Cl am Ring, $\|$ O unter C)

Metribuzin
4-Amino-6-tert.-butyl-3-
(methylthio)-1,2,4-triazin-5-
(4H)-on

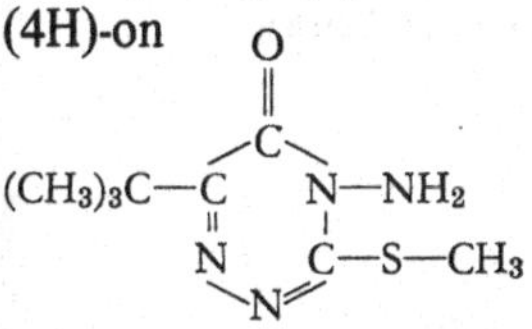

gegen
Unkräuter

bei
Tomaten, Spargel, Kartoffeln

$$(CH_3)_3C—CN—NH_2$$
mit O, C, N, C—S—CH$_3$ Ringstruktur

Monalide
N-(4-Chlorphenyl)-2,2-dimethyl-
valeriansäureamid

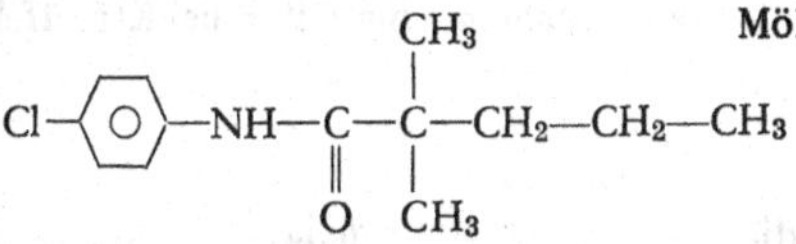

gegen
Unkräuter

bei
Möhren, Petersilie, Sellerie

$$Cl—\langle O \rangle—NH—C—C—CH_2—CH_2—CH_3$$
(mit CH$_3$ oben und unten, $\|$ O)

Monolinuron
3-(4-Chlorphenyl)-1-methoxy-
1-methylharnstoff

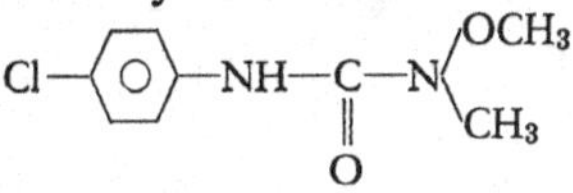

gegen
Unkräuter; einkeimblättrige Unkräuter; auflaufende Unkräuter

bei
Buschbohnen, Spargel, Kartoffeln;
Wintergetreide; Wein

$$Cl—\langle O \rangle—NH—C—N\begin{smallmatrix}OCH_3\\ \\CH_3\end{smallmatrix}$$
($\|$ O unter C)

Paraquat
Gramoxone
1,1'-Dimethyl-4,4'-bipyridinium-
dichlorid

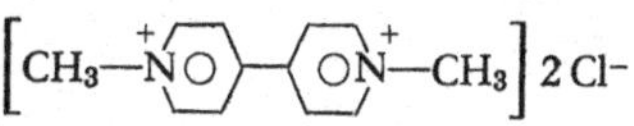

gegen
Unkräuter

bei
Gemüse, Obst, Erdbeeren, allen Acker-
baukulturen, Wein

$$\left[CH_3—N^+\langle O \rangle—\langle O \rangle N^+—CH_3\right] 2\,Cl^-$$

Wirkstoff	*Anwendung*

Pentanochlor
3-Chlor-2-methyl-p-valerotoluidid

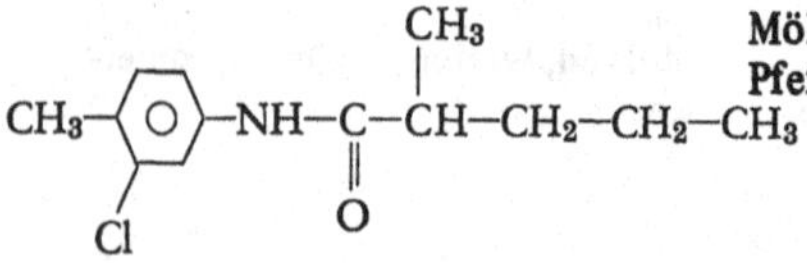

gegen
Unkräuter

bei
Möhren, Petersilie, Tomaten, Sellerie, Pfefferminze

$$CH_3-\langle O \rangle-NH-C-CH-CH_2-CH_2-CH_3$$

with CH_3 above and Cl below the ring, and $\|\,O$ below the C.

Prometryn
2-Methylthio-4,6-bis-isopropyl-amin-s-triazin

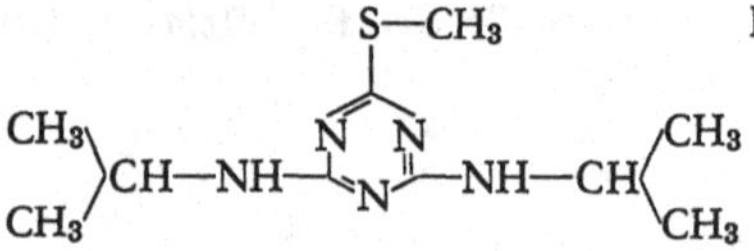

gegen
Unkräuter

bei
Möhren, Porree, Sellerie

$$\begin{array}{c} S-CH_3 \\ CH_3\rangle CH-NH-\text{(triazin)}-NH-CH\langle CH_3 \\ CH_3 \qquad\qquad\qquad\qquad CH_3 \end{array}$$

Propham (IPC)
Isopropyl-N-phenylcarbamat

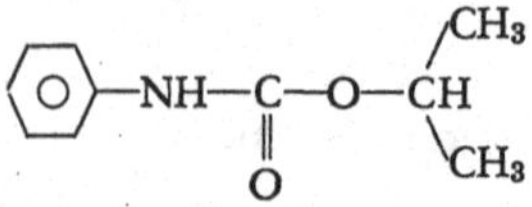

gegen
einkeimblättrige Unkräuter

bei
Kümmel
als Keimhemmungsmittel bei Kartoffel▶

$$\langle O \rangle-NH-C-O-CH\langle ^{CH_3}_{CH_3}$$

with $\|\,O$ below the C.

Propyzamid
N-(1,1-Dimethylpropinyl)-3,5-di-chlorbenzamid

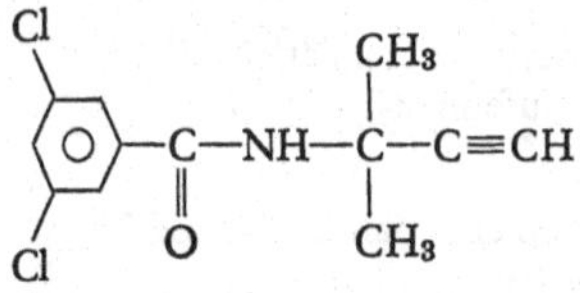

gegen
Unkräuter; einkeimblättrige Unkräuter, Vogelmiere, Ehrenpreis

bei
Endivie, Kopfsalat; Kernobst, Winterraps

$$\begin{array}{c} Cl \qquad\qquad CH_3 \\ \langle O \rangle-C-NH-C-C\equiv CH \\ Cl \quad\; \|\,O \quad\; CH_3 \end{array}$$

Simazin
Gesatop
2-Chlor-4,6-bis-äthylamino-s-triazin

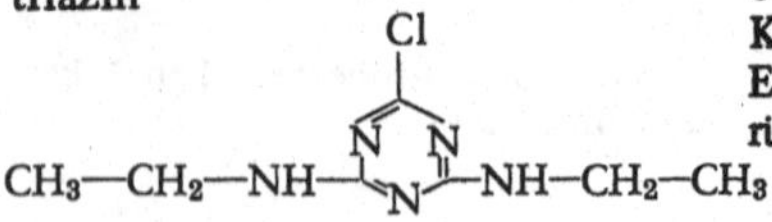

gegen
auflaufende Unkräuter; Unkräuter; Spätverunkrautung

bei
Kern-, Steinobst, Erdbeeren, Wein; Erbsen, Mais, Ackerbohnen; Zuckerrüben

$$\begin{array}{c} Cl \\ CH_3-CH_2-NH-\text{(triazin)}-NH-CH_2-CH_3 \end{array}$$

Wirkstoff	Anwendung

2,4,5-T
2,4,5-Trichlorphenoxyessigsäure

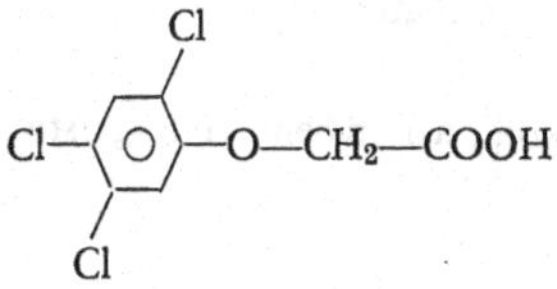

gegen
zweikeimblättrige Unkräuter

bei
Sommer- und Wintergetreide, Wein

$$Cl-\langle O \rangle -O-CH_2-COOH$$

(mit Cl oben, Cl links, Cl unten am Ring)

TCA
Trichloressigsäure oder deren
Natriumsalz

$CCl_3-COOH(Na)$

gegen
einkeimblättrige Unkräuter, Quecke,
Honiggras

bei
Zuckerrüben, allen genutzten Flächen

Terbutryn
Igran
4-Äthylamino-2-tert.-butyl-
amino-6-methylthio-s-triazin

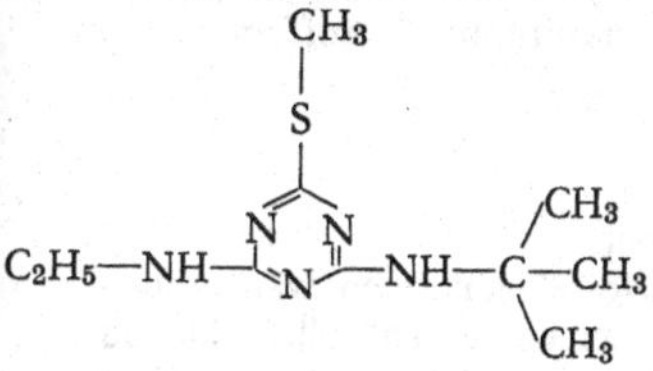

gegen
ein- und zweikeimblättrige Unkräuter,
Hirsearten

bei
Erbsen, Wintergetreide, Mais

$$C_2H_5-NH-\overset{N}{\underset{N}{\diamondsuit}}-NH-C\begin{smallmatrix}CH_3\\CH_3\\CH_3\end{smallmatrix}$$

(Triazinring mit S–CH₃ oben)

Triallat
Avadex
N,N-Diisopropyl-2,3,3-trichlor-
allyl-thiolcarbamat

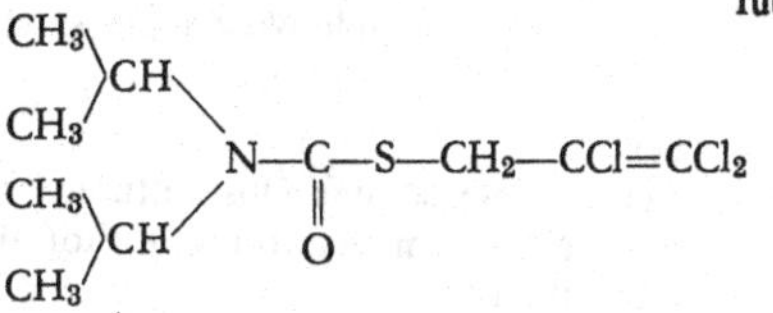

gegen
einkeimblättrige Unkräuter, Flughafer

bei
Sommer- und Wintergetreide, Zuckerrüben

$$\begin{smallmatrix}CH_3\\CH_3\end{smallmatrix}CH \quad \begin{smallmatrix}CH_3\\CH_3\end{smallmatrix}CH \quad N-C-S-CH_2-CCl=CCl_2$$
(mit O unter dem C)

Wirkstoff	Anwendung

Wirkstoff

Trifluralin
2,6-Dinitro-4-trifluormethyl-
N,N-dipropylanilin

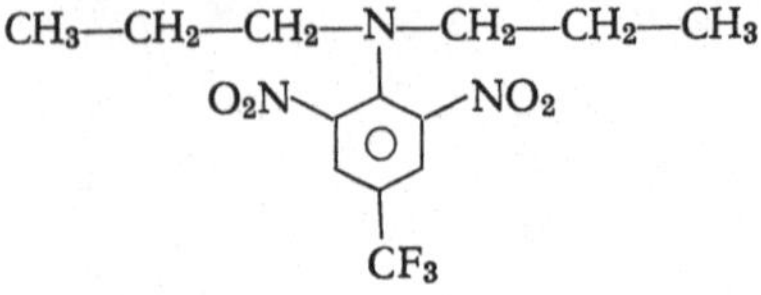

$CH_3-CH_2-CH_2-N-CH_2-CH_2-CH_3$

O_2N ⟋ ⟍ NO_2

CF_3

Anwendung

gegen
Unkräuter; Windhalm; zweikeimblättrige Unkräuter

bei
Blumenkohl, Kohlrüben; Wintergerste;
Winterweizen

1.1.4 Sonstige Pesticidgruppen

1.1.4.1 Nematicide, einschließlich Mittel zur Bodenentseuchung
(= Mittel gegen Nematoden)

Dazomet
3,5-Dimethyl-1,3,5-2H-tetra-
hydrothiadiazin-thion-(2)

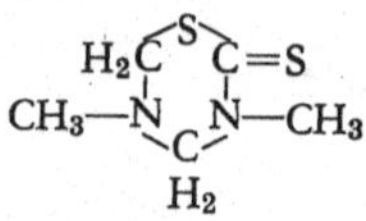

H_2C — S — $C=S$
CH_3-N — $N-CH_3$
C
H_2

gegen
wandernde Wurzelnematoden; gallenbildende Wurzelnematoden

bei
allen Obst- und Gemüsekulturen,
Ackerkulturen, Kartoffeln

Dichlorpropan-Dichlorpropen-
Gemisch
D–D
$CH_3-CHCl-CH_2-Cl$
$CHCl=CH-CH_2-Cl$

gegen
Kartoffelnematoden; wandernde
Wurzelnematoden; gallenbildende
Nematoden; Kartoffelnematoden

bei
Kartoffeln; allen Obst- und Gemüsekulturen, Wein; Acker- und Gemüsekulturen; Pflanzkartoffeln

Methylbromid
Terabol
CH_3Br

Methylisocyanat
$CH_3-N=C=S$

gegen
wandernde Wurzelnematoden; Kohl-
herie; gallenbildende Wurzelnematoden

bei
Acker-, Gemüse- und Obstkulturen,
Wein; allen Gemüsekulturen; Kartoffeln
Zuckerrüben

Wirkstoff	*Anwendung*
Zinophos 0,0-Diäthyl-0-(pyrazin-2yl)- monothiophosphat	Außerhalb der BRD bei einigen Gemüsearten

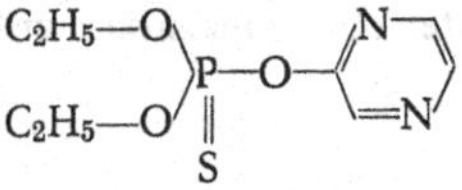

$$C_2H_5-O\diagdown$$
$$\quad\quad\quad P-O-\text{(pyrazin)}$$
$$C_2H_5-O\diagup \|$$
$$\quad\quad\quad S$$

1.1.4.2 Molluskicide

(= Mittel gegen Schnecken)

Metaldehyd	bei allen Gemüsekulturen, Erdbeeren, Getreide

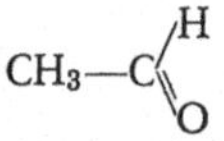

$$CH_3-C\diagup^H_{\diagdown O}$$

Mercaptodimethur (3,5-Dimethyl-4-methylthio- phenyl)-N-methylcarbamat	bei Getreide

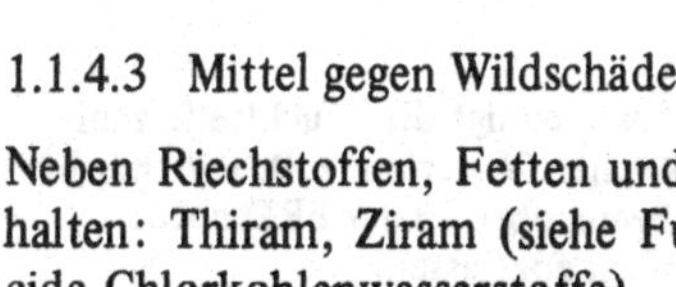

$$CH_3-S-\text{(Phenyl)}-O-C-NH-CH_3$$

1.1.4.3 Mittel gegen Wildschäden

Neben Riechstoffen, Fetten und Harzen sind einige Wirkstoffe enthalten: Thiram, Ziram (siehe Fungicide) und Lindan (siehe insecticide Chlorkohlenwasserstoffe).

1.1.4.4 Rodenticide

(= Mittel gegen Nagetiere und Maulwurf)

Zugelassen sind in der Hauptsache Antikoagulantien (die Blutgerinnung hemmende Mittel) wie Crimidin, Warfarin, Phosphorwasserstoffentwickelnde Mittel, daneben auch

Wirkstoff	Anwendung
Endrin	gegen
1,2,3,4,10,10-Hexachlor-6,7-epoxy-1,4,4a,5,6,7,8,8a-octa-hydro-1,4-endo,endo-5,8-dime-thanonaphthalin	Scher- und Wühlmaus
	bei
	Kern- und Steinobst, Johannisbeeren

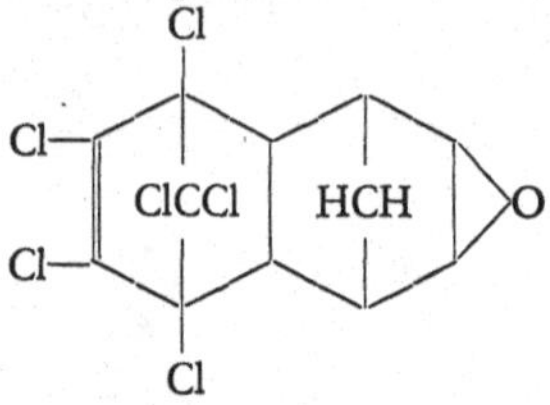

Toxaphen	gegen
Chloriertes Camphen	Feldmaus
(67–69 % Chlor)	bei
	Getreideflächen

1.1.5 Wuchs- und Hemmstoffe

Chlorflurenol	Anwendung bei nicht landwirtschaft-lich genutzten Flächen; Wuchshemm-stoff für Gräser und breitblättrige Pflanzen
2-Chlor-9-hydroxyfluoren-carbonsäure-(9)-methylester	

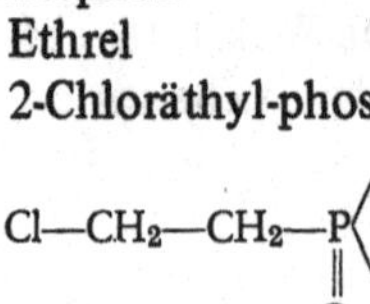

Etephon	Beschleunigt die Fruchtreife zahl-reicher Obstarten, z. B. Kirschen, Beerenobst. In der BRD noch nicht zugelassen.
Ethrel	
2-Chloräthyl-phosphorsäure	

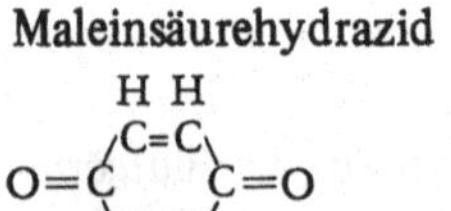

$$Cl-CH_2-CH_2-P\overset{OH}{\underset{\underset{O}{\parallel}}{\diagdown}}_{OH}$$

Maleinsäurehydrazid	zur Rosenbehandlung

108

| *Wirkstoff* | *Anwendung* |

1.1.6 Synergisten

Piperonylbutoxid
3,4-Methylendioxy-6-propyl-
benzyl-n-butyl-diäthylenglykol-
äther

in Kombinationspräparaten mit
Pyrethrum, Rotenon bei:
Blatt- und Fruchtgemüse, Obst, Erd-
beeren; Champignons, Kartoffeln,
Rüben, Raps

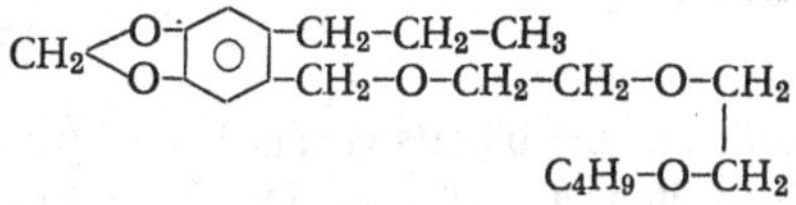

$$CH_2\diagdown^{O}_{O}\underset{}{\bigcirc}\diagup^{-CH_2-CH_2-CH_3}_{-CH_2-O-CH_2-CH_2-O-CH_2}$$

$$C_4H_9-O-CH_2$$

S 421
Octachlor-dipropyläther

in Kombinationspräparaten mit
Pyrethrum und Rotenon bei:
Gemüse, Obst;
gegen Kartoffelkäfer bei Kartoffeln

$$CCl_3-CHCl-CH_2-O-CH_2-CHCl-CCl_3$$

1.2 Anwendungsformen der Pflanzenbehandlungsmittel

Die reinen Wirkstoffe gelangen nur selten zur Anwendung, sondern
sie werden je nach den Anwendungsbedingungen, den zu erfüllenden
Aufgaben und der sich daraus ergebenden Anwendungstechnik in
entsprechende Handelspräparate (Formulierungen) übergeführt.

Dabei ist die Erfüllung nachstehender Bedingungen Grundvorausset-
zung:

1. Die biologische Wirksamkeit des eingesetzten Wirkstoffes muß
   erhalten bleiben.
2. Die Hilfs- und Trägerstoffe müssen sich chemisch und physika-
   lisch-chemisch sowohl gegenüber dem Wirkstoff als auch der
   Pflanze weitgehend indifferent verhalten.
3. Die technische Anwendbarkeit des Präparates muß gewährleistet
   sein.
4. Die Sicherheitsvorschriften innerhalb der Handelskette (Lagerung,
   Transport, Verkauf), vor allem die in allen Bundesländern nahezu
   gleichlautenden Bestimmungen in den Verordnungen über den
   Handel mit Giften und giftigen Pflanzenschutzmitteln, müssen
   eingehalten werden.

Die hauptsächlichsten Anwendungsformen (Präparatearten) sind:

1. Stäubemittel

Stäubemittel enthalten verhältnismäßig geringe Wirkstoffkonzentrationen (10%). Trägermaterialien sind meist Gesteinsmehle, Bentonit, Kaolin. Verwendung finden sie bei Bekämpfungsmaßnahmen an oberirdischen Pflanzenteilen (als Insecticide, Fungicide).

Die Anwendung ist nicht unproblematisch, da die Stäubemittel anfällig für Abtrift infolge geringer Haftfähigkeit sind und die Ausbringung ungleichmäßig erfolgt.

2. Streumittel und Granulate

Auch hier werden die Wirkstoffe auf die bereits genannten Trägerstoffe, die möglichst porös sein sollen, aufgebracht. Durch die Zugabe bestimmter Hilfsstoffe, wie Haftstoffe, Lösungsmittel, Tenside, kann hier eine Wirkungsverlängerung (Depotwirkung) erzielt werden. Diese Mittel werden überwiegend am oder im Boden eingesetzt (Fungicide, Herbicide, Insecticide, Nematicide).

Gezielte Ausbringung ist möglich, die Gefahr der Abtrift ist minimal.

3. Flüssige Mittel (Gieß-, Spritz-, Sprüh- und Nebelmittel)

Das Ausbringen in flüssiger Form wird am häufigsten angewandt, wobei die Zuordnung zum jeweiligen Anwendungsverfahren nach der Tröpfchengröße erfolgt. Ausgangspräparate sind in der Regel feste oder flüssige Konzentrate. Als Trägermaterialien dienen Wasser, organische Lösungsmittel oder Mineralöle, als Hilfsstoffe werden Emulgatoren, Dispergier- und Netzmittel (Polyglykoläther und -ester, anionische und nichtionische Tenside), Stabilisatoren sowie Haftstoffe (z. B. Kunststoffemulsionen) eingesetzt.

Eine weitgehend gezielte Ausbringung ist möglich, die Wirkungsdauer ist durch die Haftmittelzusätze beeinflußbar, eine große Oberfläche erhöht die Wirkung, Wirkstoffaufnahme und -verteilung werden beschleunigt. Mit Abtrift muß gerechnet werden.

Die weiteren Applikationsverfahren wie Begasungs- und Beizmittel, Spraydosen und Köderzubereitungen sollen hier nur namentlich erwähnt werden.

1.3 Organisation des Pflanzenschutzes und Anwendungsmodus durch die Landwirtschaft

Der Einsatz von Pflanzenbehandlungsmitteln unterliegt der Regelung durch das Pflanzenschutzgesetz (1), wonach nur solche Mittel vertrieben oder eingeführt werden dürfen, die von der Biologischen

Bundesanstalt für Land- und Forstwirtschaft (BBA) ausdrücklich zugelassen worden sind.

Die grundsätzlichen Kriterien, die für eine Zulassung erfüllt sein müssen, sind:

1. Das Mittel muß nach dem Stand der wissenschaftlichen Erkenntnisse und der Technik hinreichend wirksam sein,

2. Erfordernisse des Schutzes der Gesundheit von Mensch und Tier beim Verkehr mit gefährlichen Stoffen dürfen nicht entgegenstehen und

3. das Mittel darf bei bestimmungsgemäßer und sachgerechter Anwendung keine schädlichen Auswirkungen für die Gesundheit von Mensch und Tier sowie keine sonstigen schädlichen Auswirkungen haben, die nach dem Stand der wissenschaftlichen Erkenntnisse nicht vertretbar sind.

Zur Feststellung, ob die gesundheitlichen Voraussetzungen gegeben sind, wird das Bundesgesundheitsamt (BGA) gehört.

Die Kennzeichnungsangaben, die auf den Behältnissen und abgabefertigen Packungen eines zugelassenen Mittels enthalten sein müssen, sind genau vorgeschrieben:

1. Bezeichnung des Mittels,

2. die Zulassungsnummer,

3. Name oder Firma des Herstellers, Importeurs oder Vertriebsunternehmens,

4. Art und Menge der wirksamen Bestandteile,

5. Verfallsdatum bei Pflanzenschutzmitteln mit zeitlich beschränkter Haltbarkeit,

6. Gebrauchsanweisung (Art, Zeit und Zweck der Anwendung, Aufwandmenge, einzuhaltende Wartezeit, Gefahrenhinweis),

7. von der BBA bei der Zulassung vorgeschriebene Angaben.

Erläuterung:

Wartezeit ist die Zeit, die zwischen letzter Anwendung und der Ernte vergehen muß, um sicherzustellen, daß keine Höchstmengenüberschreitung auftritt. Eine der Zulassung vorgeschaltete Mittelprüfung erfolgt nur mit den auf den Packungen dann angegebenen Aufwandmengen, Anwendungskonzentrationen und sonstigen Anwendungsbedingungen. Nur unter Beachtung dieser Maßgaben und bei strikter Einhaltung der Wartezeiten kann der Anwender eine ausreichende Wirkung des Mittels, seine Unschädlichkeit für die behandelten Kulturen sowie die Einhaltung der zulässigen Höchstmenge an Rückständen zum Zeitpunkt der Ernte erwarten. Extreme Witterungsverhältnisse, die evtl. bei der Mittelprüfung nicht berücksichtigt werden konnten, können aber dennoch u. U. zu überhöhten Rückständen führen.

Überhöhte Rückstände sind aber auch dann zu befürchten, wenn ein an sich zugelassenes Mittel für eine andere, nicht genannte Kultur zum Einsatz kommt. Die evtl. Überschreitung der Höchstmenge fällt dann in jedem Fall in die Verantwortung des Anwenders.

Die Zulassung eines Mittels wird im Bundesanzeiger veröffentlicht, ebenso das Erlöschen derselben.

Die BBA gibt in unregelmäßiger Folge Pflanzenschutzmittel-Verzeichnisse heraus, die alle für den Anwender wichtigen Informationen enthalten. Derzeit liegt die sechsteilige 24. Auflage 1975/1977 (3) vor.

Basierend auf dem Pflanzenschutzgesetz soll insbesondere auch die VO über Anwendungsverbote und -beschränkungen für Pflanzenschutzmittel (4) dem Schutz der Umwelt und des Menschen dienen. So sind in Anlage 1 Stoffe genannt, für die ein striktes Anwendungsverbot gilt. Dazu gehören u. a. Chlordan, Dieldrin, Hexachlorbenzol, Technisches HCH sowie die Schwermetallverbindungen und toxischen Spurenelemente (Arsen, Blei, Cadmium, Selen, außer Quecksilber).

Anwendungsbeschränkungen, Anlage 2, werden beispielsweise ausgesprochen für:

Wirkstoff	Anwendung zulässig nur
Aldrin	zur Bodenbehandlung im Weinbau,
Endrin	zur Flächenbehandlung im Obstbau ohne Unterkulturen gegen Wühlmäuse; Mähgut darf nicht verfüttert werden,
Heptachlor	zur Behandlung von Rübensaatgut gegen Bodeninsekten
Quecksilberverbindungen	zur Behandlung von Getreidesaatgut außer Mais,
Quintozen	zur Behandlung von Getreidesaatgut, außer Mais, und Pflanzengut von Kartoffeln
Beschränkte Anwendungsverbote, Anlage 3, gelten u. a. für:	
Lindan	in Betriebsräumen, Mahlsystemen von Mühlen, Mehlsilos, in Vorräten von Getreide und Getreideerzeugnissen,
Pentachlorphenol	in Wasserschutzgebieten.

Auf Länderebene obliegt die Aufklärung und Beratung auf dem Gebiete des Pflanzenschutzes und des Vorratsschutzes den Pflanzenschutzämtern, die auch in die Mittelprüfung der BBA eingeschaltet sind. Manches Bundesland (z. B. Baden-Württemberg) unterhält daneben eine Landesanstalt für Pflanzenschutz. Die Pflanzenschutzämter (in Baden-Württemberg ist bei jedem Regierungspräsidium ein solches eingerichtet) geben für die Anwender Warnmitteilungen (Warndienste) heraus.

Beim Anwender selbst liegt es, durch eine bestimmungsgemäße und sachgerechte Anwendung in seinem Bereich dafür Sorge zu tragen, daß eine Kontamination von Boden, Pflanze, Tier und Mensch mit Rückständen von Pflanzenschutzmitteln so gering wie möglich gehalten wird.

Dies bedeutet im einzelnen:

Einsatz von Pflanzenschutzmitteln nur, wenn es notwendig sein sollte. Wahl des geeignetsten Mittels und termingerechte Behandlung der Kultur. Richtige Anwendungstechnik, Beachtung der Vorsichtsmaßnahmen.

Unbedingte Einhaltung der Aufwandmenge, der Konzentration sowie in jedem Fall auch der Wartezeiten.

Durch den richtigen Einsatz von Pflanzenbehandlungsmitteln ist auch eine Kostenersparnis für den Anwender gegeben.

1.4 Kontaminationsquellen, -wege

1.4.1 Lebensmittel pflanzlicher Herkunft

Die Kontamination der verschiedensten Lebensmittel pflanzlicher Herkunft, Obst, Gemüse, Südfrüchte, Getreide, Kakao, Tee, erfolgt zunächst einmal durch direkte, unmittelbare Behandlung der Kulturen oder der als Lebensmittel verwendeten Teile. Viele Pesticide verbleiben nicht nur auf der Oberfläche der behandelten Pflanzen, sondern wandern auch in das Blattinnere – zeigen also eine gewisse Tiefenwirkung (Endosulfan, Malathion, Parathion) – oder besitzen gar eine systemische Wirkung (Benomyl, Dimethoat, Methomyl, Mevinphos, Phosphamidon), d.h. sie werden von den oberirdischen Pflanzenteilen oder der Wurzel aufgenommen und aktiv im Gefäßsystem oder/und von Zelle zu Zelle über die ganze Pflanze verteilt.

Das direkte Aufbringen kann aber auch durch eine Vorratsschutzmaßnahme bedingt sein: Lagerbehandlung von Obst und Gemüse (Kraut) mit Fungiciden, des Getreides in Silos, Mühlen oder während des Schiffstransportes (australischer Hafer, kanadischer Weizen) mit Insecticiden.

Daneben ist aber auch mit einer indirekten, mittelbaren Kontaminierung zu rechnen:

Abtrift bei Behandlung von Nachbarkulturen bei evtl. ungünstiger Witterungslage oder bei Flugzeugausbringung; Abtropfen der Spritzbrühe bei Unterkulturen, z. B. bei Obstplantagen oder in Weinbergen (Tomaten); Speicherung von Pesticiden im Boden nach Bodenbehandlung und Aufnahme durch Folgekulturen, sei es über die Wurzeln, sei es über die Dampfphase. Dazu einige Beispiele: Hexachlorbenzol(HCB)- und Quintozen-Rückstände bei Acker- und Kopfsalat, Petersilie, Rettich, Radieschen sowie Spinat im Unterglasanbau, obwohl nach Angaben der Erzeuger die Bodenbehandlung meist schon zwei oder mehr Jahre zurückgelegen haben soll. Ein besonderer Fall ist die Quintozen-Behandlung bei Chicoree. Zum einen reicherte sich das als Verunreinigung im Quintozen enthaltene HCB im Boden an, erhöhte damit die HCB-Rückstände im Chicoree, zum anderen wird Chicoree häufig aber verfüttert, so daß dies wiederum zur HCB-Anreicherung in Lebensmitteln tierischer Herkunft führte. Dieldrin-Rückstände in Gurken: Ein Acker war drei Jahre vor der erfolgten Probenahme mit Aldrin behandelt und danach in eine Unterglasanlage umgewandelt worden.

Überhöhte DDT-Rückstände in Gemüse: Eine Obstanlage wurde zwei Jahre vor der Probenahme gerodet, und danach Gemüse angebaut.

In allen derartig gelagerten Fällen sollte *vor* der weiteren Nutzung dringend eine vorsorgliche Bodenuntersuchung auf das Vorhandensein von Pesticiden durchgeführt werden.

Speicher- und Silobehandlung ohne ausreichende Entfernung der Pesticidreste (aus Ecken, Dielenfugen u. ä.) vor dem erneuten Einlagern von Getreide: Ein Lagerhaus war etliche Monate vor der Ernte mit einem DDT/Lindan-haltigen Mittel behandelt worden. Bereits im folgenden Winter wurden im Getreide beträchtliche, teils überhöhte DDT- und Lindan-Rückstände ermittelt. Eine indirekte Kontamination kann auch dadurch erfolgen, daß das gleiche Produkt — teils unbehandelt, teils behandelt — vor der Verarbeitung vermischt wird.

Weiterhin ist bezüglich der einzuhaltenden Wartezeiten daran zu denken, daß diese lediglich dem Schutz vor Überschreitung der Höchstmengen zur Erntezeit dienen, jedoch nicht der möglichst vollständigen Entfernung der Pesticid-Rückstände.

1.4.2 Lebensmittel tierischer Herkunft

In Lebensmitteln tierischer Herkunft ist wegen der Fettlöslichkeit und der hohen Persistenz nahezu ausschließlich mit Rückständen von Chlorkohlenwasserstoff-Pesticiden zu rechnen.
Als Kontaminationsquellen kommen dabei in Frage:

1. Futtermittel
Für Futtermittel existiert seit einiger Zeit eine Schadstoff-Liste (5), in der u. a. auch genaue Höchstgehalte an Pesticiden in den verschiedensten Futtermitteln festgelegt sind. Die Rückstandsuntersuchungen werden von den Landwirtschaftlichen Untersuchungs- und Forschungsanstalten (LUFAs) durchgeführt.
Mit Rückständen ist im pflanzlichen Futter außer beim Heu vor allem bei zuvor behandeltem Grünfutter (Klee, Luzerne, Futterkohl, Rübenblätter) oder beim Verfüttern von Getreide und Milch zu rechnen. Auch hier spielt die Abtrift bei Nachbarbehandlungen eine Rolle. Beispiele: Eine einer Weide, auf der Rinder gehalten werden, benachbarte Obstanlage wird mit Endrin gegen Wühlmäuse behandelt; anderntags zeigen sich bei den Rindern erhebliche Krankheitserscheinungen, in der Milch werden erhebliche Endrin-Rückstände ermittelt (0,17 mg/kg, berechnet auf den Fettgehalt).
Insbesondere zugekauftes Futter, Kraftfutter und überseeische Futtermittel können weitere Kontaminationen bedingen: pflanzliche und tierische Fette, vor allem Fischmehl, Tiermehl, Algen. Erwähnt sei hier das 1972 gehäufte Auftreten von HCB-Rückständen in Schinken und Vorderschinken in verschiedenen Ländern, das auf die Verfütterung argentinischer Plata-Pollard-Pellets zurückgeführt wird.

2. Stallbehandlungsmittel, Fliegenspray
Behandlung der Ställe mit Pesticiden. Durch Verdampfen dieser Mittel Aufnahme durch die Tiere. Direktes Besprühen oder Umsprühen der Tiere zur Insektenabwehr.

3. Stallweißelmittel
Den Stallweißelmitteln werden bereits Fungicide oder Insecticide zugesetzt, die dann ebenfalls über die Dampfphase von den Tieren aufgenommen werden.

4. Tierarzneimittel (Tierhygienemittel)
Direkte Anwendung von Pesticiden als Arznei- oder Hygienemittel am Tier als veterinärmedizinische Maßnahme; kontaminierte Salbengrundlagen.

5. *Belecken von imprägnierten Holzteilen auf der Weide oder im Stall.*

6. *Verfüttern von gebeiztem Saatgut.*

1.5 Rückstands-Analytik

1.5.1 Allgemeines

Die Pesticid-Rückstandsanalytik gehört zu den Gebieten, bei denen der enorme Fortschritt der physikalisch-chemischen Analytik der letzten zehn Jahre am deutlichsten zum Ausdruck kommt.

So stehen für die Rückstands-Bestimmung heute Geräte zur Verfügung, die es gestatten, einzelne Wirkstoffmengen bis in den Nano-Gramm-Bereich (10^{-9} g), teilweise sogar bis zum Pico-Gramm-Bereich (10^{-12} g) hinab noch sicher zu bestimmen.

Die Grundausrüstung eines Rückstands-Laboratoriums stellen die Gaschromatographen, ausgerüstet mit den diversen selektiven Detektoren, dar: Für die Chlorkohlenwasserstoff-Insecticide, andere halogenhaltige Pesticid-Verbindungen und auch die Organophosphor-Insecticide stehen Gaschromatographen mit hochlinearen Elektroneneinfangsdetektoren (GC-ECD-Ni$_{63}$) zur Verfügung. Speziell für die Organophosphor-Verbindungen und die stickstoffhaltigen Substanzen (Carbamat-Insecticide, Herbicide) wurden Phosphor- und Stickstoff-selektive Flammenionisations-Detektoren entwickelt (GC-, P- und N-FID).

Wesentlich erleichtert wird die Trennung, und damit auch die Identifizierung und Bestimmung der Wirkstoffe durch das Angebot eines breiten Spektrums hochreiner Säulenfüllmaterialien verschiedenster Polarität und somit Aktivität sowie durch den Einsatz von Kapillarsäulen.

Für Identifizierungsprobleme bietet sich zusätzlich die Massenspektrometrie (MS), meist in Form der GC/MS- oder HPLC/MS-Kopplung an.

Die Spektralphotometrie wird insbesondere für die Bestimmung der Dithiocarbamat-/Thiuramdisulfid-Fungicid-Rückstände nach der Methode von *Keppel* (6) (Abspaltung von Schwefelkohlenstoff, Komplexbildung mit methanolischem Kupferacetat und Diäthanolamin) eingesetzt. Nachweisgrenze hier im Mikro-Gramm-Bereich (10^{-6} g). Aber auch die Fungicide Benomyl und Thiabendazol, die in den letzten Jahren sehr an Bedeutung gewonnen haben, können spektralphotometrisch bestimmt werden.

116

Nur noch vereinzelt wird zur Identifizierung die Dünnschichtchromatographie herangezogen. Sie dient gelegentlich als Reinigungsschritt. Für vereinzelte Problemstellungen kann auch die Hochdruckflüssigkeitschromatographie (HPLC) eingesetzt werden (Thiabendazol, Chlorkohlenwasserstoffe). Nachweisgrenze allerdings im Mikro-Gramm-Bereich.

Bevor aber die physikalisch-chemische Bestimmung oder Identifizierung der Pesticide erfolgen kann, sind sehr arbeits-, material- sowie zeitaufwendige Isolierungs- und Reinigungsschritte erforderlich. Zunächst müssen die Wirkstoffe aus dem Probenhomogenisat extrahiert, über Flüssig-Flüssig-Verteilung angereichert, isoliert sowie vorgereinigt und schließlich durch Säulenchromatographie abgetrennt und gereinigt werden. Hierzu werden hochreine organische Lösungsmittel, wie Aceton, Acetonitril, Dichlormethan sowie Petroläther, und säulenchromatographische Materialien, wie Aktivkohle, Kieselgel, Aluminium-Magnesium-Silikate, verwendet. Die relativ großen Lösungsmittelmengen müssen durch Vacuum-Rotations-Verdampfer vorsichtig entfernt werden.

In diesem Teil der Analytik wären wegen des Lösungsmittelaufwandes und der Zeitdauer weitgehend automatisch arbeitende Geräte dringend erforderlich. Erste Schritte hierzu stellen die weiterentwikkelten Sweep-Co-Apparaturen dar.

Während im allgemeinen vom Probenhomogenisat ausgegangen werden muß, darf bei der Dithiocarbamat-Rückstandsbestimmung die Probe nur grob zerkleinert werden, um einen enzymatischen Dithiocarbamat-Abbau zu vermeiden.

Die Analysendauer liegt zur Zeit zwischen 1,5 Stunden für die Dithiocarbamat-Bestimmung und 4–5 Stunden für die Chlorkohlenwasserstoffe und Organophosphorsäureester (Einzelanalyse).

Die Analysenkosten pro Probe betragen zur Zeit 200,– bis 800,– DM. Beim Vorliegen einer Probe geht die Lebensmittelüberwachung praktisch vom Punkt Null aus, da ihr über die Vorgeschichte des Produktes in der Regel nichts bekannt ist. Dies bedeutet, daß für die Kontrolle vordringlich Simultan-Methoden vorhanden sein müssen, die ein möglichst breites Spektrum von Wirkstoffen erfassen.

Eine Methodensammlung für die Rückstandsanalytik wurde von der Pflanzenschutz-Kommission der DFG erstellt (7).

Die Rückstandsanalytik erfordert eine sehr intensive Einarbeitung aller Beteiligten sowie eine ständige kritische Selbstkontrolle durch die Erstellung von Recovery-Werten und die Teilnahme an Ringversuchen. Um diese Kontrolle zu gewährleisten, sollten empfohlene Analysenmethoden (7, 8, 9) stets den Vorzug erhalten.

1.5.2 Lebensmittel pflanzlicher Herkunft

Für die Rückstandsanalytik dieser Produktgruppe stehen mehrere Simultan-Methoden zur Verfügung (8), die gebräuchlichste ist die *Becker*-Methode (10). Siehe auch DFG-Methodensammlung (7).
Im Vordergrund der Analytik stehen wegen der toxikologischen Gegebenheiten die Acaricide, Fungicide und Insecticide.
Obwohl die Herbicide gegenwärtig bei weitem am häufigsten angewendet werden, wird über Rückstandsergebnisse nur vereinzelt berichtet. Dies hat verschiedene Gründe: Meist werden Herbicide zu einem sehr frühen Zeitpunkt, also weit vor dem Erntetermin eingesetzt; ihre toxikologischen Daten sind relativ günstig; Berichte über signifikante Rückstandsbildungen in Pflanzen liegen nicht vor, wohl aber über solche im Boden (11); infolge der sehr unterschiedlichen Verbindungsklassen mit Herbicid-Wirkung beschränkt sich die Analytik bisher auf die Bestimmung einzelner Wirkstoffe im konkreten Fall. Ein umfassender, aber sehr zeitaufwendiger Analysengang für Herbicide ist bislang nur von *Thier* (12) erarbeitet worden.
Eine Intensivierung der Herbicid-Rückstandsbestimmungen wäre erforderlich; vielleicht wird diese durch die zu erwartenden Sweep-Co-Automaten ermöglicht.

1.5.3 Lebensmittel tierischer Herkunft

Die Aufgabenstellung erscheint bei diesen Lebensmitteln durch die stark reduzierte Zahl der von der Höchstmengen-VO tierische Lebensmittel erfaßten Wirkstoffe einfacher als bei den Lebensmitteln pflanzlicher Herkunft. Dies täuscht insofern, als durch die Isolierung und Anreicherung der Pesticide aus dem Fettanteil der Lebensmittel bei wesentlich verringerter Ausgangsprobenmenge ein noch akkurateres Arbeiten erforderlich ist.
Die Abtrennschwierigkeiten sind wesentlich größer.
Das Bundesgesundheitsamt (BGA) hat für die Rückstandsanalytik in diesen Lebensmitteln Analysenempfehlungen herausgegeben (9), die insbesondere zwei in mehreren Ringversuchen erprobte Methoden von *Specht* und *Stijve* enthalten. Dabei liefert die Methode von *Specht* zwar die etwas reineren Extrakte, nimmt dafür aber mehr Zeit in Anspruch.

In dieser Methodenempfehlung sind auch Fehlerspannen für verschiedene Rückstandshöhen genannt. Die jeweilige Spanne ist im Rahmen der amtlichen Überwachung vom ermittelten Wert abzuziehen, bei Sorgfaltsuntersuchungen, also den privaten Rückstandsüberprüfungen, aber hinzuzuzählen.

Betont sei auch, daß diese Fehlerspannen aus mehreren Gründen bei den Lebensmitteln pflanzlicher Herkunft nicht anwendbar sind.

1.6 Rückstandsproblematik, Toxikologie, Festlegung der Höchstmengen

Das Hauptproblem aus gesundheitlicher Sicht bei der Beurteilung und Wertung der Pesticid-Rückstände aller Art ist die Frage, welche Auswirkungen haben die vom Menschen mit der Nahrung aufgenommenen Rückstandsmengen im Zusammenspiel mit den übrigen mitverzehrten Lebensmittelzusatzstoffen (z. B. Farbstoffe, Konservierungsmittel, Oberflächenbehandlungsmittel), Rückständen (neben Pesticid-Rückständen die pharmakologisch wirksamen Stoffe) und Verunreinigungen (tox. Spurenelemente, Mykotoxine, Umweltchemikalien (PCB's)) auf die menschliche Gesundheit. Da diese Frage gegenwärtig durch die Toxikologie nicht beantwortet werden kann, kann das Bestreben aller nur sein, die jeweiligen Kontaminationen auf allen Gebieten so gering wie möglich zu halten. Aus dieser erforderlichen Sicht geht es dann nicht nur darum, die einzelnen Höchstmengen einzuhalten, sondern um die Frage, Einsatz von chemischen Pflanzenschutzmitteln ja oder nein?

Angesichts der Ernteverluste und der Ernährungslage in der Welt ist die Antwort leicht zu geben (13) (Zahlen von 1967), siehe Tab. 15.

Tab. 15: Ernteverlust in der Welt

Region	Gesamtverlust in %
Europa	25
Ozeanien	28
Nord- und Zentralamerika	29
UdSSR und VR China	30
Südamerika	33
Afrika	42
Asien	43

Insgesamt ergibt sich ein Ernteverlust in der Welt von 35%.

Diese 35 % setzen sich zusammen aus 14 % Verlust durch Schädlinge, 12 % durch Pflanzenkrankheiten und 9 % durch Unkraut.

Die Frage muß daher nicht lauten: „Ist chemischer Pflanzenschutz erforderlich?", sondern „In welchem Umfang ist er notwendig?"

In diesem Zusammenhang muß auf den „Integrierten Pflanzenschutz" hingewiesen werden. Die Bemühungen gehen dabei dahin, Pflanzenschutzmittel nur dann einzusetzen, wenn die Nützlinge der Schädlinge nicht mehr Herr werden. An der Ausarbeitung entsprechender Methoden, die besonders im Obstbau vielversprechend sind, ist die Landesanstalt für Pflanzenschutz, Stuttgart, maßgeblich beteiligt (14).

Problematisch ist bereits die Beurteilung mehrerer in einem Lebensmittel vorhandener Pesticid-Rückstände, die alle unterhalb der jeweiligen Höchstmenge liegen. Nach einer ersten Bestandsaufnahme durch die Kommission für Pflanzenschutz der Deutschen Forschungs-Gemeinschaft (DFG) (15) ergeben sich für die verschiedensten Kombinationen bei niedriger Dosierung lediglich additive Effekte, ein Abschätzen des Risikos ist aber noch nicht möglich.

Versuche, die Pesticid-Rückstände einschließlich der Metaboliten zusammenfassend zu beurteilen, stellen die Bemühungen dar, innerhalb der Höchstmengenfestlegungen (16, 17) bereits bestimmte Wirkstoffe, Isomere und Abbauprodukte durch eine gemeinsame Höchstmenge zu erfassen (z. B. Dithiocarbamate und Thiuramdisulfide als Schwefelkohlenstoff; die Angabe Gesamt-DDT; die Angabe berechnet als Disulfoton).

Zu nennen ist hier auch die Summenformel im DDR-Rückstandsrecht (18):

Bei Vorhandensein mehrerer der zugelassenen Pflanzenschutz- und Schädlingsbekämpfungsmittel auf einem Lebensmittel dürfen von jedem einzelnen Wirkstoff nur soviel Prozent der jeweils zugelassenen Höchstmenge enthalten sein, daß die Summe dieser Prozente 100 nicht übersteigt. Bei unerwünschten Kombinationseffekten können die zulässigen Wirkstoffanteile begrenzt werden.

Trotz großer Anstrengungen nur in Anfängen oder Einzelfällen bekannt ist bisher auch die Bildung von Abbauprodukten (Metaboliten) der Pesticide sowohl in der Pflanze als auch bei Tier und Mensch. So können neben nicht-toxischen durchaus auch Metaboliten auftreten, die toxischer sind als die ursprünglich eingesetzten Mittel (z. B. die Epoxide von Aldrin = Dieldrin und Heptachlor = Heptachlorepoxid; Parathion = Paroxon). Anschaulich wird die Vielfalt des Metabolitenproblems besonders anhand des DDT-Abbauschemas (13), siehe Abb. 8:

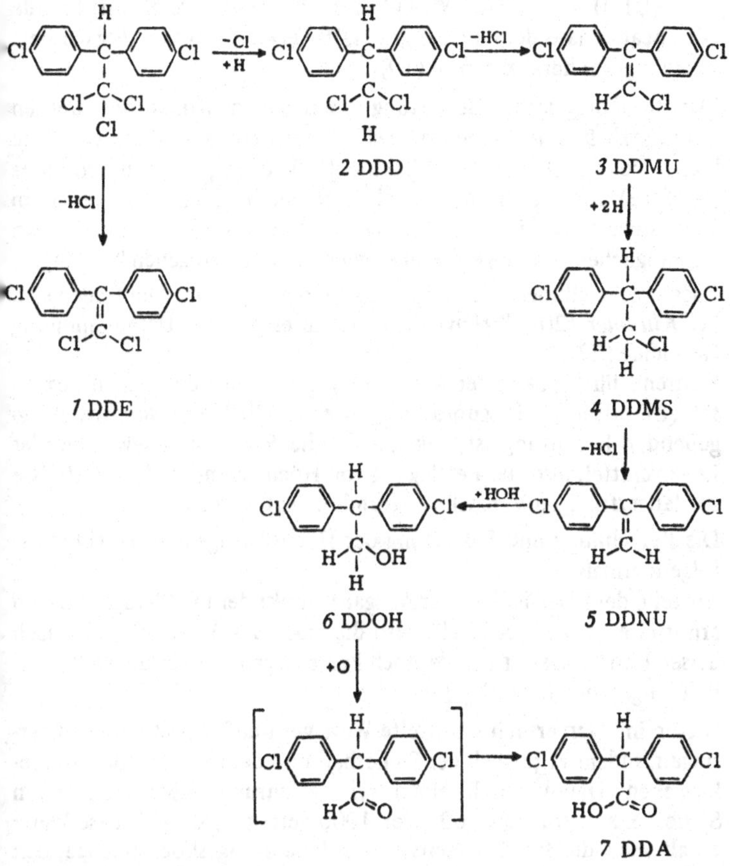

Abb. 8: DDT-Abbauschema

Häufig gebrauchte Abkürzungen: DDE, 1,1-Dichlor-2,2-bis(p-chlorphenyl)-äthylen *(1)*; DDD, 1,1-Dichlor-2,2-bis(p-chlorphenyl)äthan *(2)*; DDMU, 1-Chlor-2,2-bis(p-chlorphenyl)äthylen *(3)*; DDMS, 1-Chlor-2,2-bis(p-chlorphe-nyl)äthan *(4)*; DDNU, 1,1-bis(p-Chlorphenyl)äthylen *(5)*; DDOH, 2,2-bis-(p-Chlorphenyl)äthanol *(6)*; DDA, bis(p-Chlorphenyl)essigsäure *(7)*.

Wie notwendig es aber ist, alle Wirkstoffe toxikologisch sehr intensiv zu prüfen, zeigt gerade auch das Beispiel der Dithiocarbamate. Diese Fungicid-Wirkstoffgruppe galt jahrelang als problemlos, nun haben neuere Befunde über tetratogene, mutagene und carcinogene Eigenschaften der Wirkstoffe bzw. des Hauptabbau- und Metabolismusproduktes der Äthylenbisdithiocarbamate – Äthylenthioharnstoff (ETU) – das FAO/WHO-Experten-Komitee veranlaßt, für alle Dithiocarbamate den vorläufigen ADI-Wert auf 0,005 mg/kg (bisher: 0,025 mg/kg) herabzusetzen (19).

Zur toxikologischen Bewertung eines jeden Wirkstoffes werden grundsätzlich eine Reihe von Daten ermittelt: Die akute (mittlere letale Dosis = LD_{50}), die subakute (4 Wochen), die subchronische (90 Tage) und die chronische (ab 6 Monate bis 2 Jahre) Toxicität an wenigstens zwei Tierarten (1 Nager, 1 Nichtnager) sowie außerdem die möglichen carcinogenen, mutagenen und tetratogenen Wirkungen.

Zusammenstellungen derartiger toxikologischer Angaben finden sich bei *Klimmer* (20), *Perkow* (21) und in einer DFG-Datensammlung Herbicide (22).

Während für die Seite der Anwendung die Angabe der akuten Toxicität (LD_{50}), also die Zuordnung zu einer Giftklasse von ausschlaggebender Bedeutung ist, müssen für die Rückstandsbewertung der Lebensmittel, also die Festlegung von Höchstmengen, die Ergebnisse der längerfristigen Versuche zugrunde gelegt werden.

Die Berechnung und Festlegung der Höchstmengen erfolgt (in etwa) folgendermaßen:

Anstelle der LD_{50} ist hier der Ausgangspunkt der im 90-Tage-Versuch ermittelte „No effect level", also die Dosis des Wirkstoffes, die nach dieser Fütterungszeit gerade noch keine Organveränderungen hervorruft, angegeben in mg/kg/Tag.

Dieser im Tierversuch ermittelte Wert wird auf den Menschen übertragen, indem er je nach der Sicherheit und dem Umfang der toxikologischen Daten durch einen rein erfahrungsmäßig festgelegten Sicherheitsdivisor von 100 oder 1000 geteilt wird. Auf diese Weise erhält man die für den Menschen duldbare Tageshöchstmenge, den sogenannten ADI-Wert („Acceptable daily intake"), ebenfalls angegeben in mg/kg/Tag.

Dieser ADI-Wert wird zu einem fiktiven durchschnittlichen Körpergewicht von 70 kg und einer täglichen Durchschnittsverzehrsmenge eines bestimmten Lebensmittels von 400 g (Kopfsalat, Tomaten,

122

Äpfel) in Beziehung gesetzt, und ergibt die toxikologisch duldbare Höchstmenge („permissible level"):

Toxikologisch duldbare Höchstmenge

$$= \frac{\text{ADI-Wert (mg/kg)} \times 70\,\text{kg (Körpergewicht)}}{0{,}4\,\text{kg (tägl. Verzehrsmenge)}} .$$

Dieses Berechnungsschema wird auch als „Niederländische Formel" bezeichnet.

Dieser toxikologisch duldbare Höchstwert erscheint aber noch keineswegs als Höchstmenge in den entsprechenden Rechtsverordnungen, sondern wird in diesen nochmals ganz erheblich unterschritten, da lediglich Höchstmengen akzeptiert werden, die sich aus der Anwendungsnotwendigkeit und bei „guter landwirtschaftlicher Praxis" ergeben:

Rechtlich tatsächlich festgelegte Höchstmenge

$$= \frac{\text{toxikologisch duldbare Höchstmenge}}{\text{gute landwirtschaftliche Praxis}} \; (\text{mg/kg}) .$$

Angegeben werden die Rückstands- und Höchstmengen in mg Wirkstoff pro kg Lebensmittel (mg/kg), bisher war auch die Angabe ppm (parts per million) üblich.

Aufgrund dieser hohen Sicherheitsvorkehrungen bei Erstellung der Höchstmengen besteht für den Verbraucher im Falle einer Höchstmengenüberschreitung (sogar um das Zehnfache) keine akute Gefahr. Andererseits ist es natürlich naiv, wenn im Überschreitungsfall dann der Erzeuger oder Importeur meint, seine Familie und er hätten auch davon gegessen, ihnen sei aber nichts passiert!

Die Diskussion des Problemkreises wäre unvollständig, wenn nicht auch die Bemühungen um eine biologische Schädlingsbekämpfung angesprochen werden würden. Sowohl von Seiten der BBA (23) als auch der biologischen und biologisch-dynamischen Erzeugergruppen ist man bemüht, Produktionsweisen unter Verzicht auf den Einsatz chemischer Pflanzenbehandlungsmittel zu verwirklichen.

Beispielhaft seien genannt:

a) Einsatz von Extrakten aus Naturstoffen mit insecticider Wirkung (siehe 1.1.1.5),

b) Aussetzen sterilisierter Männchen verschiedener Schädlingsarten,

c) Aufstellen von Lockfallen mit Sexuallockstoffen,
d) Einsatz von Raubinsekten oder Raubmilben zur Bekämpfung von Spinnmilben in Gewächshäusern.

1.7 Lebensmittelrechtliche Regelungen

Rechtlich wird das Problem der Pflanzenschutzmittel-Rückstände in der BR Deutschland durch folgende Bestimmungen fixiert:
Von Seiten der Anwendung durch das Pflanzenschutzgesetz (1), die Verordnung über die Zulassung von Pflanzenschutzmitteln (24), die Verordnung über Anwendungsverbote und -beschränkungen (4) sowie das DDT-Gesetz (25) und die Länder-Verordnungen über den Handel mit Pflanzenschutzmitteln. Das DDT-Gesetz verbietet, von wenigen Ausnahmen abgesehen, die Herstellung und Anwendung von DDT generell.
Dem Schutz der Lebensmittel und damit der Verbraucher dienen die einzelnen lebensmittelrechtlichen Vorschriften:

1. Lebensmittel- und Bedarfsgegenständegesetz (LMBG), § 14 und § 17 (1) Nr. 4 (26)
Danach ist es verboten, Lebensmittel gewerbsmäßig in den Verkehr zu bringen, wenn sie Pesticid-Rückstände enthalten, die entweder die festgesetzten Höchstmengen überschreiten oder von Wirkstoffen herrühren, die gar nicht hätten angewandt werden dürfen.
Lebensmittel, die Rückstände in der BR Deutschland nicht zugelassener Pesticide enthalten, dürfen nur in den Verkehr kommen, wenn für sie eine Höchstmenge festgelegt worden ist.
Beim Vorhandensein von Pesticid-Rückständen in Lebensmitteln dürfen diese nicht mehr als „natur", „naturrein", „naturbelassen", „Bio" oder ähnlich bezeichnet werden.

2. Höchstmengen-VO Pflanzenschutz, pflanzliche Lebensmittel (16)

In dieser Verordnung sind die Pesticid-Höchstmengen aufgeführt, die in Lebensmitteln pflanzlicher Herkunft beim Inverkehrbringen nicht überschritten sein dürfen (Anlage 1). Dabei ist es gleichgültig, ob diese Rückstände von einer unmittelbaren oder mittelbaren Anwendung herrühren! Bei einer Höchstmengenüberschreitung ist die Ware nicht verkehrsfähig, es sei denn, die Rückstände können noch auf das erlaubte Maß verringert werden. Dabei sind aber die wörtlich vorgeschriebenen Kenntlichmachungen zu beachten: „Ware mit überhöhten Restmengen an Pflanzenschutzmitteln" und „nicht an Verbraucher abgeben".

Bei Lebensmitteln, für die keine Höchstmengen genannt sind, gilt $1/_{10}$ der niedrigsten der in der Höchstmengen-VO genannten Höchstmenge für den entsprechenden Wirkstoff, mindestens jedoch 0,01 mg/kg (Zehnteltoleranz).

Darüber hinaus zählt diese VO auch Pflanzenschutzmittel auf (Anlage 2), die in oder auf Lebensmitteln pflanzlicher Herkunft *nicht* vorhanden sein dürfen. Dazu zählen Aldrin, Dieldrin, Endrin und Heptachlor. Für diese Stoffe wurde, da es eine absolute Nulltoleranz praktisch nicht mehr gibt, eine sogenannte „analytische Nulltoleranz" von 0,01 mg/kg eingeführt, d.h., Werte, die bis zu dieser Menge festgestellt werden, bleiben, um analytische Irrtümer auszuschließen, unberücksichtigt.

Berechnet werden die Höchstmengen in der Regel jeweils auf das Frischgewicht, in Ausnahmen auf die Angebotsform.

3. Höchstmengen-VO, tierische Lebensmittel (17)

Auch hier wird festgelegt, daß derartige Lebensmittel, die Rückstände über die genannten Höchstmengen hinaus enthalten, nicht verkehrsfähig sind.

In zwei Anlagen (Anlage 1: Gesamt-DDT; Anlage 2: Übrige Chlorkohlenwasserstoffe) sind Höchstmengen für die persistenten Chlorkohlenwasserstoffe genannt, die für den Verbraucherschutz besondere Bedeutung erlangt haben.

Der Lokalisierung dieser Stoffe im Fettanteil dieser Lebensmittel Rechnung tragend, werden die Höchstmengen mit Ausnahme von Fisch und Ei auf den Fettgehalt berechnet angegeben. Daran ist zu denken, da ohne diesen Hinweis die Höchstmengen optisch sehr ungünstig erscheinen. Beispielsweise gilt für Milch 1 mg DDT/kg; für Trinkmilch mit 3,5 % Fett ergibt dies eine Höchstmenge von 0,035 mg/kg.

Erinnert sei hier nochmals an die Begrenzung der Höchstgehalte in Futtermitteln (5), da nur dadurch die Anreicherung der Rückstände innerhalb der Nahrungskette wirksam eingedämmt werden kann.

4. Verordnung über diätetische Lebensmittel (27)

Einem besonderen Schutz unterliegen die Säuglingsnahrungsmittel nach der Diät-VO. Für diese gilt — gleichgültig ob pflanzlich, tierisch oder gemischt — die analytische Nulltoleranz von 0,01 mg/kg, bezogen auf die Angebotsform.

Bedauert werden muß, daß bisher EG-einheitliche Höchstmengen für die Pesticid-Rückstände in Lebensmitteln noch nicht festgelegt werden konnten.

Im Dezember 1976 wurde eine EG-Richtlinie über die Festsetzung von Höchstgehalten an Rückständen von Schädlingsbekämpfungsmitteln auf und in Obst und Gemüse veröffentlicht (27a), die innerhalb von zwei Jahren in nationales Recht zu übernehmen ist. Allerdings sind darin für einige wichtige Wirkstoffe keine Höchstmengen genannt (Aldrin/Dieldrin, Hexachlorbenzol, Quintozen, Mevinphos).

1.8 Rückstandskontrolle durch die Lebensmittelüberwachung

Auf der Grundlage des Lebensmittel- und Bedarfsgegenständegesetzes (26) und der Höchstmengen-VOen (16, 17) für Lebensmittel pflanzlicher und tierischer Herkunft wird die Einhaltung der Höchstmengen für die diversen Lebensmittel von den Untersuchungsanstalten und -ämtern in den einzelnen Bundesländern überwacht. Dabei ist zu betonen, daß die Lebensmittelüberwachung nur auf einem Stichprobensystem beruhen kann, und in jedem Fall zunächst die Erfüllung der Sorgfaltspflicht sowohl durch den Erzeuger als auch den Importeur vorausgesetzt werden muß. Diese Sorgfaltspflicht ist insbesondere zu Beginn einer Erntesaison für das einzelne Produkt und beim Wechsel eines Lieferanten geboten.

Für die Effektivität der Rückstandskontrolle ist es von größter Wichtigkeit, diese möglichst durch Probenahme am Ort der Erzeugung der Lebensmittel vorzunehmen, noch bevor die Ware in den Verkehr gelangen kann.

Bei den Inlandserzeugnissen sollte die Probenahme daher bereits beim Erzeuger (Gärtner, Landwirt) oder im Herstellungsbetrieb erfolgen, um gegebenenfalls das Inverkehrbringen verhindern zu können. Diese gelegentlich als „Stuttgarter Modell" bezeichnete Präventiv-Maßnahme hat sich bestens bewährt; so kann dadurch beispielsweise auch der Pflanzenschutzdienst die Beratung der Erzeuger ganz gezielt durchführen.

Schwieriger ist die Situation bei der Importkontrolle. So lange Präventivkontrollen in den Erzeugerländern – zumindest im EG-Raum wäre dies wünschenswert – noch nicht verwirklicht werden können, muß die Probenahme beim Importeur erfolgen. Dabei hat sich das Vorhandensein von Erzeuger-Nummern auf den einzelnen Steigen bei Proben von Versteigerungen oder aus Cooperativen als sehr vorteilhaft erwiesen.

Die Probenverteilung zwischen Inlandserzeugnissen und Importen beim Ziehen der Stichproben richtet sich nach dem jeweiligen Versorgungsanteil; dies gilt selbstverständlich nicht für Verdachtsfälle. Für die Probenahme selbst existieren leider weder national noch im Rahmen der EG verbindliche Richtlinien, obwohl schon verschiedentlich Entwürfe vorlagen. Bis zum Erlassen derartiger Richtlinien kann die Devise vorerst nur lauten: Die Probenahme sollte innerhalb der Partie einer Sendung oder der Parzelle eines Erzeugers so breit gestreut wie möglich erfolgen.

Tab. 16: Folgende Richtwerte wurden in einem EG-Entwurf genannt:

Zahl der Verpackungen in der Partie	1 bis 4	von 5 bis 50	von 51 bis 100	von 101 bis 500	von 501 bis 1000
Mindestzahl der anzubrechenden Verpackungseinheiten	sämtl. Verpack.	5	7	10	20

über 1000: 20 plus 1 je weitere 1000 Verpackungen.

Empfehlungen bezüglich der Probenmenge wurden von der Arbeitsgruppe „Pesticide" der GDCh-Fachgruppe Lebensmittelchemie und gerichtliche Chemie erarbeitet (28).

1.9 Pflanzenbehandlungsmittel – Rückstände in Lebensmitteln

1.9.1 Lebensmittel pflanzlicher Herkunft

Einen informativen bundesweiten Überblick über die Rückstandssituation bei Lebensmitteln pflanzlicher Herkunft gestattet die im Ernährungsbericht 1976 der Deutschen Gesellschaft für Ernährung (29) enthaltene Tab. 17:

Tab. 17: Rückstände in Obst und Gemüse

Anzahl der Proben	13 107
Rückstände nicht nachweisbar	7 862 (60%)
Rückstände unterhalb der Höchstmenge	4 213 (33%)
Überschreitung der Höchstmenge	914 (7%)

Erfahrungsgemäß kann festgestellt werden, daß bei durchschnittlich 50 bis 80% der Proben, dies hängt auch jeweils von der Witterung während eines Jahres ab, Pesticid-Rückstände nicht nachweisbar sind.

Da ein durchaus bemerkenswerter Unterschied zwischen Obst und Gemüse besteht, seien die Ergebnisse hier getrennt aufgeführt:

	Obst	Gemüse
Anzahl der Proben	3616	9491
Rückstände nicht nachweisbar	2542 (70%)	5320 (57%)
Rückstände unterhalb der Höchstmenge	934 (26%)	3279 (35%)
Überschreitung der Höchstmenge	140 (4%)	774 (8%)

Diese zunächst relativ hoch erscheinenden Prozentzahlen der Höchstmengenüberschreitungen lassen sich auf wenige Ursachen zurückführen:

Beim Obst liegt der Schwerpunkt der Beanstandungen gegenwärtig bei den Weintrauben (Tafeltrauben) wegen überhöhter DDT-Gehalte, vereinzelt bei Importäpfeln und -birnen. Könnte dieser Mißstand endlich beseitigt werden (oder zieht man diese Proben ab!), so liegt die Überschreitungsquote um 1%.

Auch beim Gemüse sind punktuelle Schwierigkeiten gegeben, wenn auch eine sich abschwächende Tendenz unverkennbar ist. Die Probleme liegen hier beim Unterglasanbau von Acker- und Kopfsalat, der einen beträchtlichen Einsatz an Fungiciden bedingt. Zur Anwendung kamen in den letzten Jahren insbesondere Dithiocarbamate und das Bodenbehandlungsmittel Quintozen.

Dieser Wirkstoff kann aus technologischen Gründen bis zu 3% mit HCB verunreinigt sein, das dadurch auch in den Boden gelangt, aber persistenter als Quintozen ist und von den Pflanzen ebenfalls aufgenommen wird. Bei allen drei Wirkstoffen, Dithiocarbamate, Quintozen und HCB, ergeben sich teilweise massive Höchstmengenüberschreitungen für Acker- und Kopfsalat. Bis zu 30% aller Proben dieser Produktgruppe mußten beanstandet werden. Bei Ausklammerung dieser Waren ergibt sich eine Höchstmengenüberschreitungsquote von ca. 4%.

Zwischenzeitlich ist die Zahl der Höchstmengenüberschreitungen merklich zurückgegangen. Zum einen wurde für die Dithiocarbamate die Wartezeit im Unterglasanbau drastisch heraufgesetzt, zum anderen für Quintozen und HCB die Höchstmengen deutlich geändert; außerdem ist Quintozen im Inland nicht mehr zur Anwendung zugelassen.

Citrusfrüchte weisen sehr häufig Organophosphorsäureester-Rückstände auf; die Quote der Höchstmengenüberschreitung reicht bis 5%. Ein Mißbrauch der Bezeichnungen „natur", „naturrein", „Bio", „unbehandelt" o.ä. ist bei Citrusfrüchten besonders auffallend.

Bei Getreide und Getreideprodukten ist die Kontamination geringer und Überschreitungen kommen nur ganz vereinzelt vor.

Neben diesem Zahlenbild ist für die Beurteilung des Vorkommens von Pesticid-Rückständen in Lebensmitteln pflanzlicher Herkunft noch die Entwicklung des Wirkstoff-Einsatzes in den letzten 10 Jahren, die sich auch aus den Ergebnissen der Rückstandsuntersuchungen erkennen läßt, wichtig: Bei den Akariciden und Insecticiden wurden die Chlorkohlenwasserstoffe weitgehend von den Organophosphorsäureestern, deren größere Reaktionsfähigkeit einen rascheren Abbau, und damit kürzere Wartezeiten bedingt, abgelöst. Am häufigsten werden jedoch Fungicid-Rückstände ermittelt; dies wiederum entspricht dem stark gestiegenen Einsatz dieser Mittel.

1.9.2 Lebensmittel tierischer Herkunft

In diesen Lebensmitteln ist wegen der großen Persistenz nahezu ausschließlich mit Rückständen an Chlorkohlenwasserstoff-Insecticiden zu rechnen. Infolge ihrer guten Fett- und Lipoidlöslichkeit werden sie vom Tier leicht aufgenommen und sowohl im Depotfett als auch Organfett gespeichert. Des weiteren treten — von der Anwendung technischer Präparate abgesehen — infolge Isomerisierung oder Metabolisierung u.U. zusätzliche Komponenten auf: So beim p,p'-DDT = o,p-DDT, DDE, DDD; beim Lindan = alpha- und beta-HCH.

Wegen des durchschnittlich höheren Fettgehaltes und der höheren Stufe innerhalb der Nahrungskette sind höhere Pesticid-Rückstände (ca. Faktor 10) als bei den Lebensmitteln pflanzlicher Herkunft zu erwarten. Der auffallendste Unterschied ist aber — abgesehen von den Eiern —, daß praktisch keine Proben ohne nachweisbare Rückstände angetroffen werden. Dies soll folgende Übersicht über Untersuchungen des Jahres 1976 (30) zeigen:

Tab. 18: Rückstände in Lebensmitteln tierischer Herkunft

Art der Proben	Anzahl	Rückstände nicht nach- weisbar	Rückstände unter der Höchstmenge	Höchstmen- genüber- schreitung
Milch	79	0	77	2 (= 2,5%)
Milcherzeugnisse	18	1	17	0
Käse	57	5	46	6 (= 10,5%)
Butter	75	2	73	0
Fleisch, Wild, Geflügel	100	0	96	4 (= 4%)
Fleischerzeug- nisse	141	3	130	8 (= 5,7%)
Tierische Speisefette	55	0	55	0
Eier	80	19	57	4 (= 4%)
Fische	43	1	42	0
Gesamtzahlen	648	31 (= 4,8%)	593 (= 91,5%)	24 (= 3,7%)

Die am häufigsten angetroffenen Stoffe sind HCB, alpha- und beta-HCH, weniger häufig DDT, DDE, DDD sowie Lindan. Die Höchst-mengenüberschreitungen betreffen HCB in Milch, alpha- und beta-HCH in Fleischkonserven.

Besondere Aufmerksamkeit verdienen auch Eipulver verschiedener Provenienzen. Umfangreiche Untersuchungsergebnisse liegen auch von den Eidgenössischen Kantonalen Untersuchungsämtern vor (31). Hier fällt insbesondere der Gehalt an Dieldrin in Milch auf. Als Hauptkontaminationsquelle hierfür wird die Behandlung der Scheu-nen gegen Holzschädlinge mit Dieldrin genannt.

Literatur

1. Pflanzenschutzgesetz i. d. F. vom 2. 10. 1975 (BGBl. I S. 2591), (ber. BGBl. I S. 1059).
2. *Wegler, R.*, Chemie der Pflanzenschutz- und Schädlingsbekämpfungsmit-tel, Bd. 3 (Heidelberg–Berlin–New York 1976).
3. Pflanzenschutzmittel-Verzeichnisse 1975/1977, Teil 1 bis 6, der Biologi-schen Bundesanstalt Braunschweig, 24. Aufl.

4. VO über Anwendungsverbote und -beschränkungen für Pflanzenschutz-mittel i. d. F. vom 7. 4. 1977 (BGBl. I S. 564).

5. Futtermittel-VO vom 16. 6. 1976 (BGBl. I S. 1497), Anlage 5, Schad-stoff-Liste.

6. *Keppel, G. E.*, J. Assoc. Offic. Anal. Chemists **52**, 162 (1969).

7. DFG-Kommission für Pflanzenschutz-, Pflanzenbehandlungs- und Vor-ratsschutzmittel: Methoden zur Rückstandsanalytik (Weinheim 1977).

8. GDCh-Arbeitsgruppe „Pesticide": Zur Rückstandsanalytik der Pesticide in Lebensmitteln, 1. Empfehlung, MittBl. GDCh-Fachgruppe Lebensmit-telchem. u. gerichtl. Chem. **25**, 129 (1971).

9. Mitteilungen aus dem BGA: Untersuchungsmethoden zur Bestimmung der Rückstände von Chlorkohlenwasserstoff-Pesticiden in oder auf Lebensmitteln tierischer Herkunft. BGesundhBl. **17** (18) 269 (1974).

10. *Becker, G.*, Dtsch. Lebensm. Rdsch. **67**, 125 (1971).

11. *Hurle, K.*, Der Einfluß langjährig wiederholter Anwendung der Herbicide DNOC, 2,4-D und MCPA auf ihren Abbau und den Unkrautsamen-Vorrat im Boden. Diss. Universität Hohenheim, 1969.

12. *Thier, H. P.*, Dtsch. Lebensm. Rdsch. **68**, 345, 397 (1972).

13. *Wegler, R.*, Chemie der Pflanzenschutz- und Schädlingsbekämpfungsmit-tel, Bd. 1 u. 2 (Heidelberg–Berlin–New York 1970).

14. *Steiner, H.*, Anleitung zum integrierten Pflanzenschutz im Apfelanbau. Landesanstalt für Pflanzenschutz Stuttgart, 1968.

15. DFG-Kommission für Pflanzenschutz-, Pflanzenbehandlungs- und Vor-ratsschutzmittel, Mitteilung IX (Boppard, 1975).

16. Höchstmengen-VO Pflanzenschutz, pflanzliche Lebensmittel i. d. F. vom 4. 2. 1976 (BGBl. I S. 264).

17. Höchstmengen-VO, tierische Lebensmittel vom 15. 11. 1973, i. d. F. vom 16. 5. 1975 (BGBl. I S. 1281).

18. Anordnung über Rückstände von Pesticiden in Lebensmitteln. Gesetze u. Verordnungen, Beilage zu Z. Lebensm. Unters. u. Forsch. **147**, 91 (1971/72): aus GBl. II DDR 1971, Nr. 60, S. 526.

19. World Health Organization, Geneva: Evaluations of some Pesticide Resi-dues in Food. WHO Pesticide Residues Series, **4**, 1975.

20. *Klimmer, O. R.*, Pflanzenschutz- und Schädlingsbekämpfungsmittel, Ab-riß einer Toxikologie und Therapie von Vergiftungen (Hattingen 1971).

21. *Perkow, W.*, Wirksubstanzen der Pflanzenschutz- und Schädlingsbekämp-fungsmittel (Berlin u. Hamburg 1971).

22. DFG-Kommission für Pflanzenschutz-, Pflanzenbehandlungs- und Vor-ratsschutzmittel: Toxikologie der Herbicide (Weinheim 1976).

23. *Franz, M.* und *A. Krieg*, Biologische Schädlingsbekämpfung, 2. Aufl. (Berlin u. Hamburg 1976).

24. VO über die Prüfung und Zulassung von Pflanzenschutzmitteln vom 4. 3. 1969 (BGBl. I S. 183).

25. DDT-Gesetz vom 7. 8. 1972 (BGBl. I S. 1385).

26. Lebensmittel- und Bedarfsgegenstände-Gesetz vom 15. 8. 1974 (BGBl. I S. 1946), i. d. F. vom 24. 8. 1976 (BGBl. I S. 2445, 2481).

27. VO über diätetische Lebensmittel vom 24. 10. 1975 (BGBl. I S. 2687), Änd.-VO vom 10. 5. 1976 (BGBl. I S. 1200, 1204).

27a. Richtlinie des Rates vom 23. 11. 1976 über die Festsetzung von Höchst-
     gehalten an Rückständen von Schädlingsbekämpfungsmitteln auf und in
     Obst und Gemüse (76/895/EWG). ABl. Europ. Gemeinsch. Nr. L 340/26
     vom 9. 12. 1976.
28. GDCh-Arbeitsgruppe „Pesticide": 3. Empfehlung, MittBl. GDCh-Fach-
     gruppe Lebensmittelchem. u. gerichtl. Chem. **28,** 219 (1974).
29. Deutsche Gesellschaft für Ernährung: Ernährungsbericht 1976, Frankfurt
     a. Main.
30. Chemische Landesuntersuchungsanstalt Karlsruhe: Jahresbericht 1976.
31. Eidgenössisches Gesundheitsamt: Die Durchführung der Lebensmittel-
     kontrolle in der Schweiz in den Jahren 1973 bis 1975. Mitt. Gebiete
     Lebensm. Hyg. 65 bis 67 (1974 bis 1976).

2. Pharmakologisch wirksame Stoffe

Definition: Als pharmakologisch wirksame Stoffe gelten all die Substanzen, die den Tieren aus therapeutischen, prophylaktischen oder nutritiven Gründen (Tierarzneimittel, Futtermittelzusatzstoffe) verabreicht werden und nach deren Anwendung *Rückstände* in den Lebensmitteln tierischer Herkunft verbleiben können, die u.U. auch noch die Funktionen des menschlichen Organismus beeinflussen.

2.1 Angewandte Stoffe (1)

2.1.1 Antibiotika, Sulfonamide

Wirkstoff

Anwendung

Penicilline aus Penicillium notatum
Grundbaustein: 6-Aminopenicillansäure

als
Therapeutika; als Fütterungsantibiotika in BRD nicht zugelassen

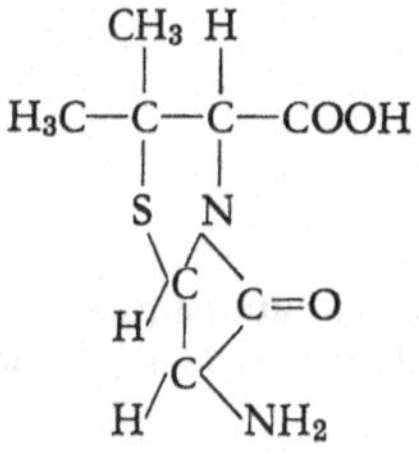

Streptomycin, Dihydro-streptomycin aus Streptomyces griseus

als
Therapeutika

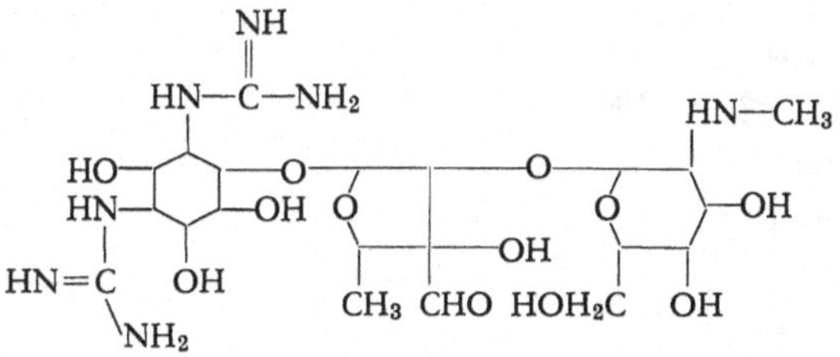

133

Wirkstoff	*Anwendung*
Tetracycline aus Streptomyces spp.	als Therapeutika; als wachstumsfördernde Zusatzstoffe bekannt, in BRD aber nicht mehr zugelassen

Name	R_1	R_2	R_3
Tetracyclin	—H	—CH_3	—H
Chlortetracyclin	—Cl	—CH_3	—H
Oxytetracyclin	—H	—CH_3	—OH

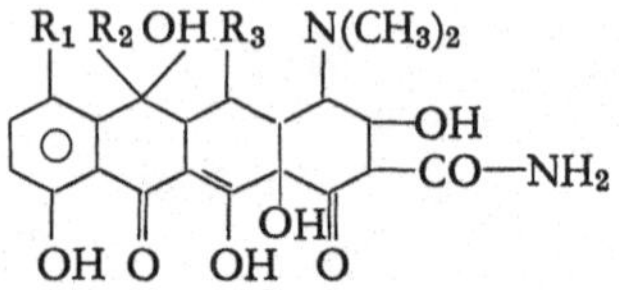

Chloramphenicol aus Streptomyces venezuelae	als Therapeutikum: Breitspektrum-Antibiotikum; als Futtermittelzusatzstoff in BRD nicht zugelassen

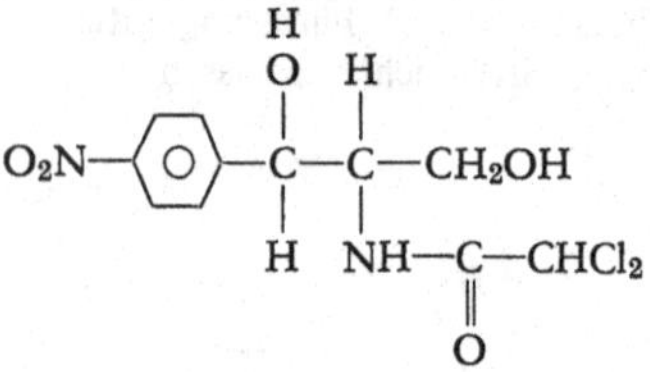

Makrolid-Antibiotika	als Therapeutika und Futtermittelzusatz, in BRD aber nicht zugelassen

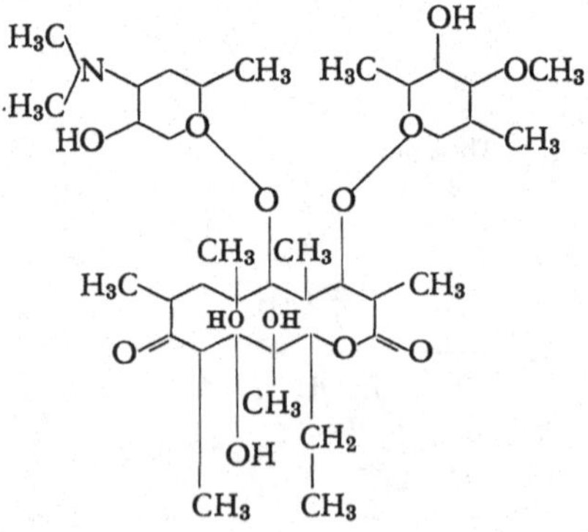

Wirkstoff	Anwendung
Oleandomycin (2) Streptomyces antibioticus 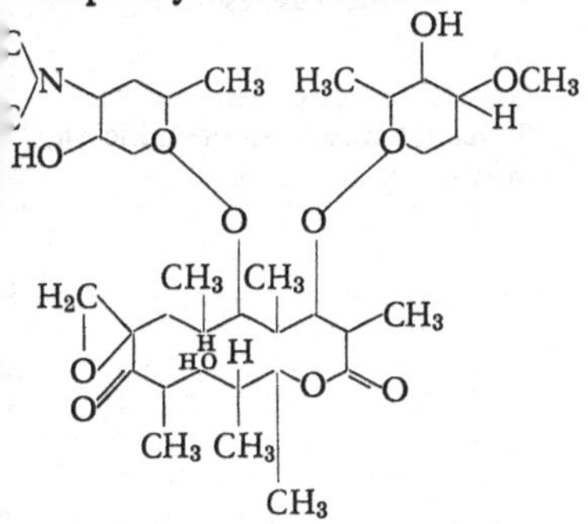	als zugelassener, die Futterverwertung verbessernder Zusatzstoff bei Geflügel, außer Gänsen, Enten, Tauben; Schweinen

Wirkstoff	Anwendung
Spiramycin (2) Streptomyces ambofaciens	als zugelassener, die Futterverwertung verbessernder Zusatzstoff bei Geflügel, außer Gänsen, Enten, Tauben; Kälbern, Schafen, Ziegen, Schweinen
Tylosin (2) Streptomyces fradiae	als zugelassener, die Futterverwertung verbessernder Zusatzstoff bei Ferkeln, Schweinen
Sonstige Antibiotika Flavophospholipol (2) Aminoglycosid	als zugelassener, die Futterverwertung verbessernder Zusatzstoff bei Geflügel, außer Gänsen, Enten, Tauben; Kälbern, Scheinen
Virginiamycin-(2) Peptolid aus Streptomyces virginiae	als zugelassener, die Futterverwertung verbessernder Zusatzstoff bei Geflügel, außer Gänsen, Enten, Tauben; Kälbern, Schweinen

135

Wirkstoff	*Anwendung*
Zink-Bacitracin (2) Polypeptid-Antibiotikum aus Bacillus subtilis	als zugelassener, die Futterverwertung verbessernder Zusatzstoff
	bei Geflügel, außer Gänsen, Enten, Tauben; Kälbern, Schafen, Ziegen, Schweinen

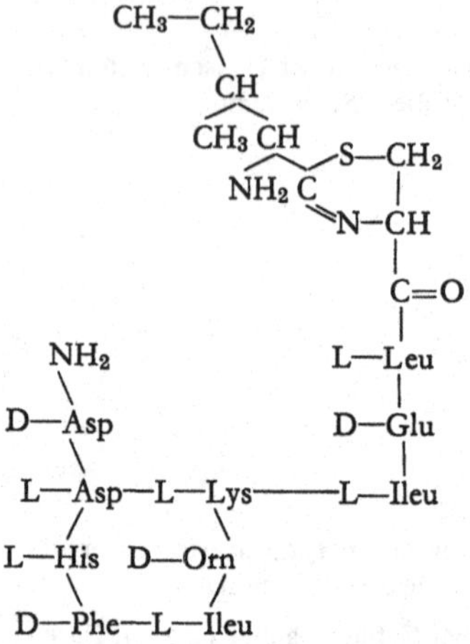

$$CH_3-CH_2$$
$$CH$$
$$CH_3 \; CH \quad S-CH_2$$
$$NH_2 \; C$$
$$N-CH$$
$$C=O$$

$$NH_2 \qquad\qquad L-Leu$$
$$D-Asp \qquad\qquad D-Glu$$
$$L-Asp-L-Lys\longrightarrow L-Ileu$$
$$L-His \quad D-Orn$$
$$D-Phe-L-Ileu$$

Sulfonamide

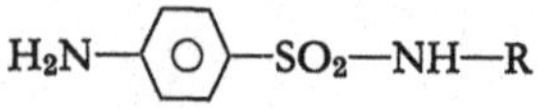

als
Chemotherapeutika verschiedenster
Wirkungszeiten

$$H_2N-\!\!\left\langle\bigcirc\right\rangle\!\!-SO_2-NH-R$$

Carbadox (2)

als
zugelassenes Chemotherapeutikum
zur Tieraufzucht

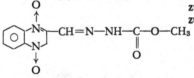

2.1.2 Glucocorticoide

Nebennierenrindenhormon-
präparate, z. B. Cortison

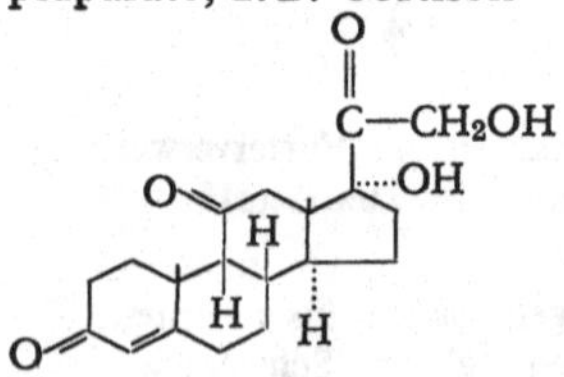

als
Therapeutika

2.1.3 Hormone und Stoffe mit hormonaler Wirkung (3)

Wirkstoff   *Anwendung*

2.1.3.1 Körpereigene Steroidhormone

als
Therapeutika; als Masthilfsmittel in
BRD verboten.

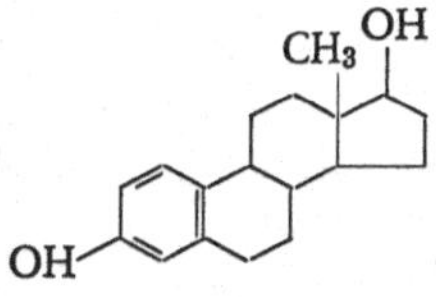

17 β-Östradiol 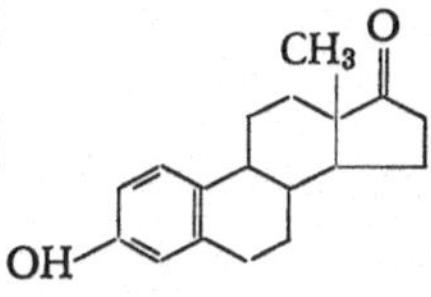   Östron

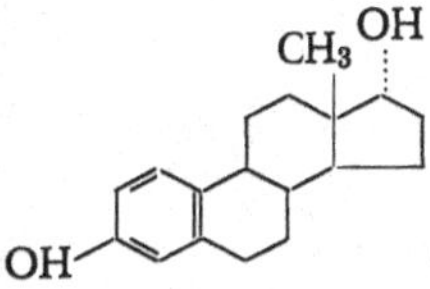

17 α-Östradiol 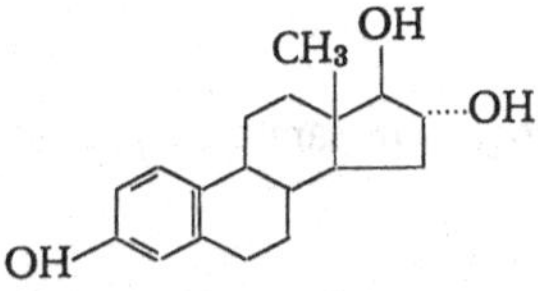   Östriol

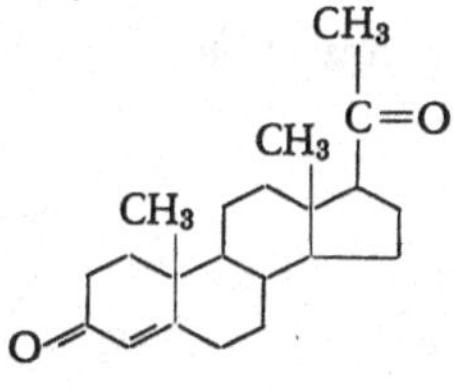

Progesteron 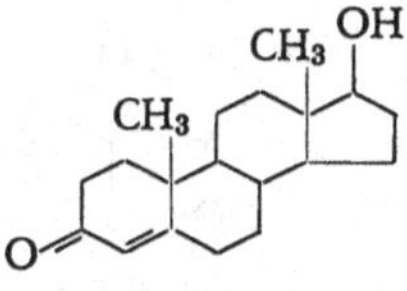   Testoteron

2.1.3.2 Körperfremde Steroidhormone

als
Therapeutika; als Masthilfsmittel in
BRD verboten.

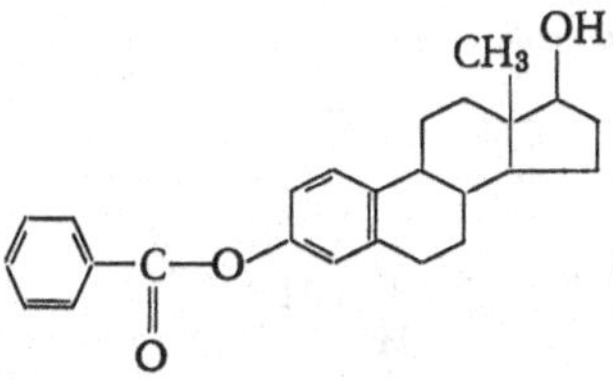

17 β-Östradiol-3-Benzoat 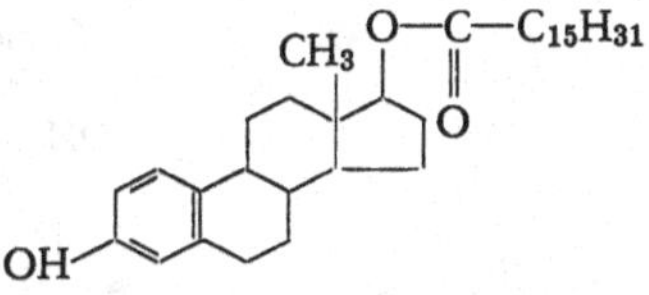   Östradiol-17-monopalmitat

Wirkstoff	*Anwendung*

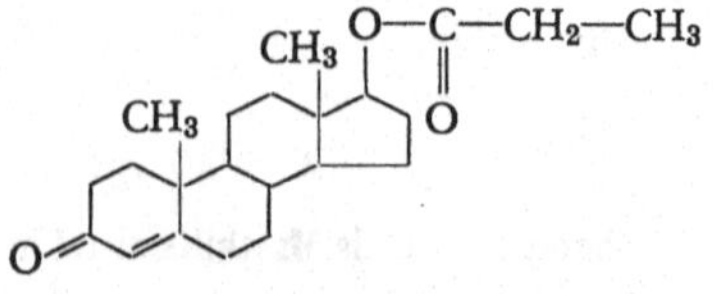

Testosteron-propionat

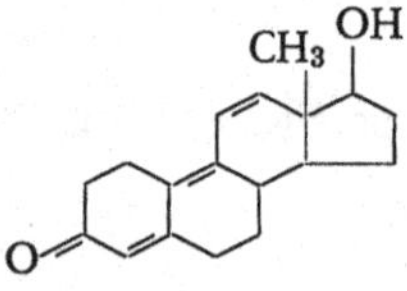

Trenbolon

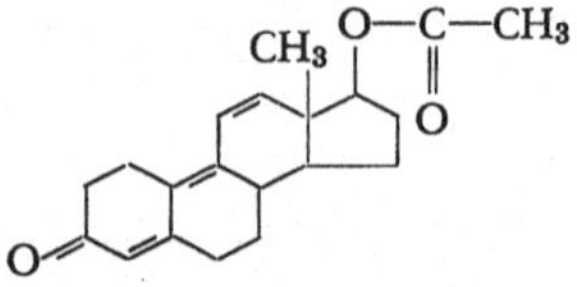

Trenbolonacetat

2.1.3.3 Sonstige östrogenwirksame, körperfremde Substanzen

als
Therapeutika, Masthilfsmittel,
„Anabolika", in BRD nicht zuge-
lassen.
Zeranol reines Anabolikum

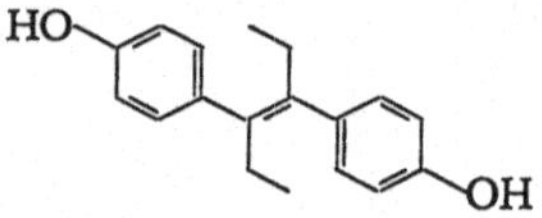

Diäthylstilböstrol

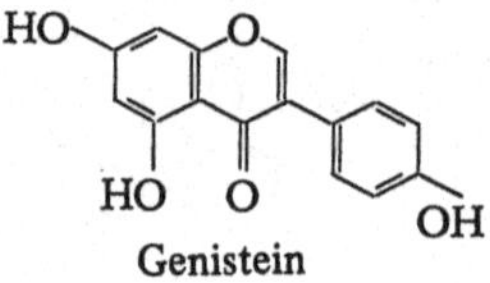

Genistein

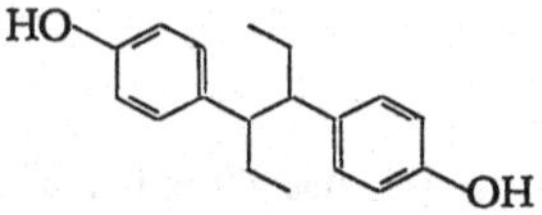

Hexöstrol

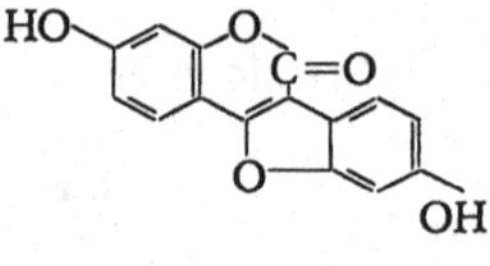

Cumöstrol

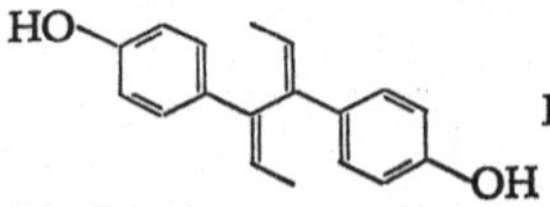

Dienöstrol

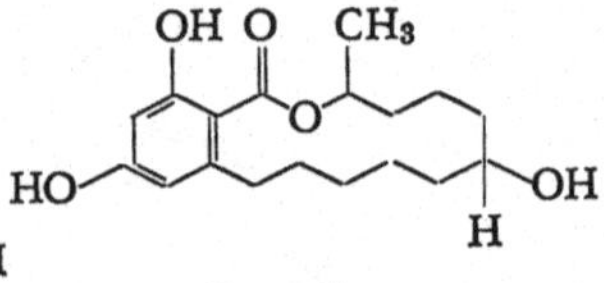

Zeranol

138

Wirkstoff	Anwendung

2.1.4 Psychopharmaka

2.1.4.1 Tranquilizer

Meprobamat (Aneural, Miltaun)

als

Therapeutika: Arzneimittelanwendung als Sedativa ohne eigentliche Indikation

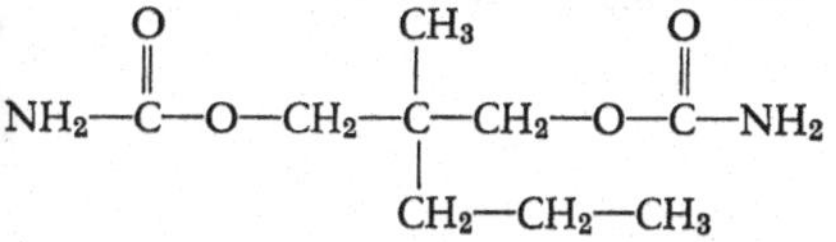

$$NH_2-\overset{\overset{\displaystyle O}{\|}}{C}-O-CH_2-\overset{\overset{\displaystyle CH_3}{|}}{\underset{\underset{\displaystyle CH_2-CH_2-CH_3}{|}}{C}}-CH_2-O-\overset{\overset{\displaystyle O}{\|}}{C}-NH_2$$

Hydroxyzin (Atarax, Marmoran)

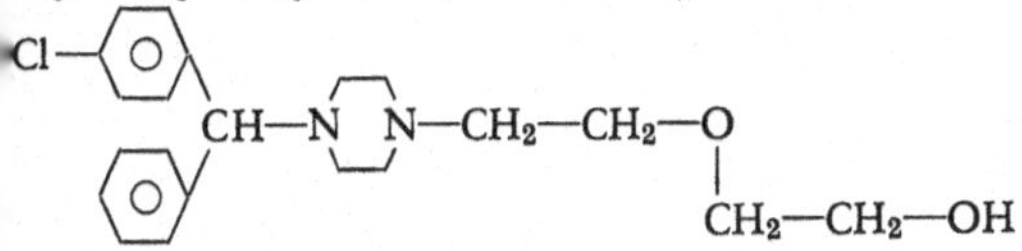

Chlordiazepoxid (Librium)

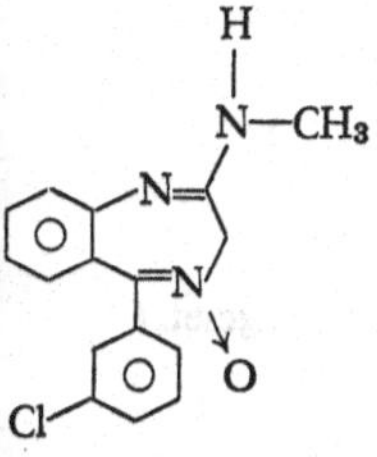

Diazepam (Valium)

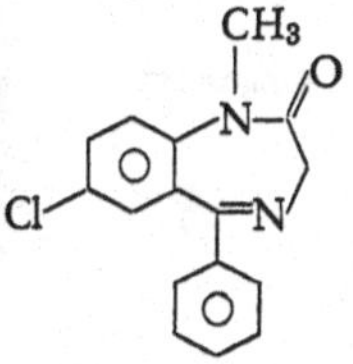

Oxazepam (Adumbran)

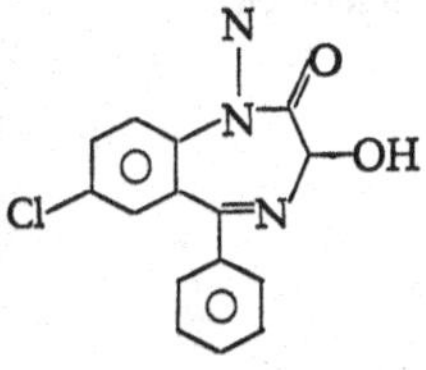

2.1.4.2 Neuroleptika

Wirkstoff

Phenothiazin-Derivate
Chlorpromazin (Megaphen)

$(CH_2)_3$—N$<^{CH_3}_{CH_3}$

Promazin (Verophen)

$(CH_2)_3$—N$<^{CH_3}_{CH_3}$

Azepromazin (Plegicil)

$(CH_2)_3$—N$<^{CH_3}_{CH_3}$

Xylazin (Rompun)

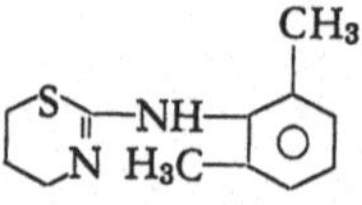

Butyrophenon-Derivate
Azaperon (Stresnil)

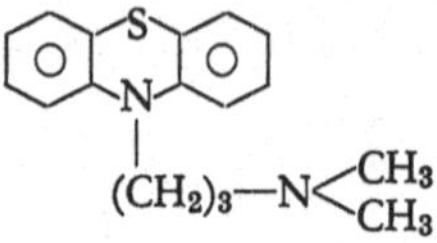

Reserpin

Anwendung

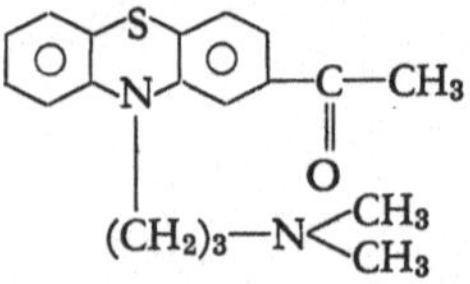

als
Therapeutika: Arzneimittelanwendung als Sedativa ohne eigentliche Indikation

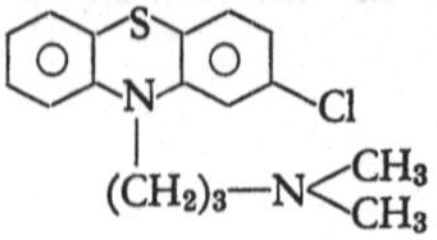

nur in Tiermedizin eingesetzt

nur in Tiermedizin eingesetzt

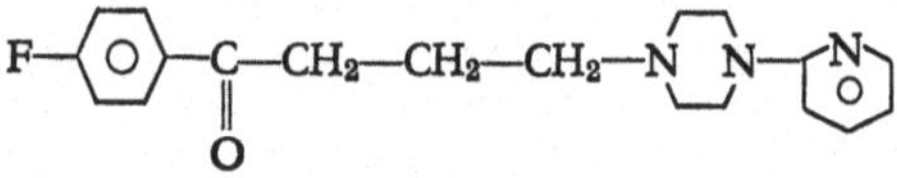

Therapeutikum: Antihypotonicum, Sedativum, Ataracticum

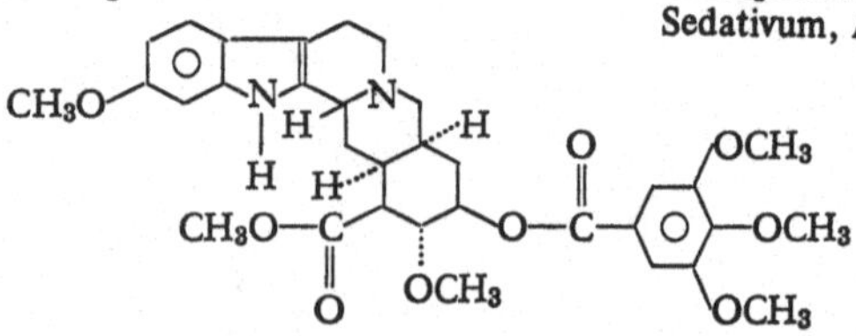

2.1.5 Thyreostatika

Wirkstoff   **Anwendung**

Ausgangssubstanz: Thioharnstoff   als

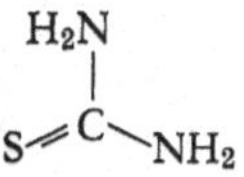

Therapeutika: Thyreostatika; Masthilfsmittel, da sie Fleischbeschaffen-
heit, Fleisch- und Fettansatz ver-
bessern. In BRD verboten

$$S=C\begin{array}{c}NH_2\\NH_2\end{array}$$

Thiouracile:

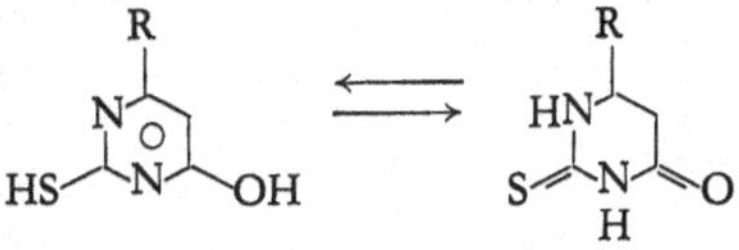

R = H: Thiouracil
R = CH$_3$: Methylthiouracil
R = n–C$_3$H$_7$: Propylthiouracil

Methylthiouracil: Thyreostat

Mercaptobenzimidazole
Thiamazol (Favistan)

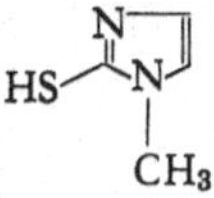

Carbimazol (Neo-Thyreostat)

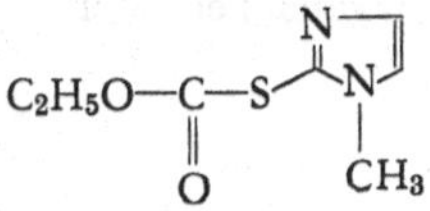

2.1.6 Coccidiostatica (2)

als
zugelassene Futterzusatzstoffe zur
Prophylaxe gegen Coccidiose bei
Geflügel

Amprolium   Geflügel bis zur Legereife

141

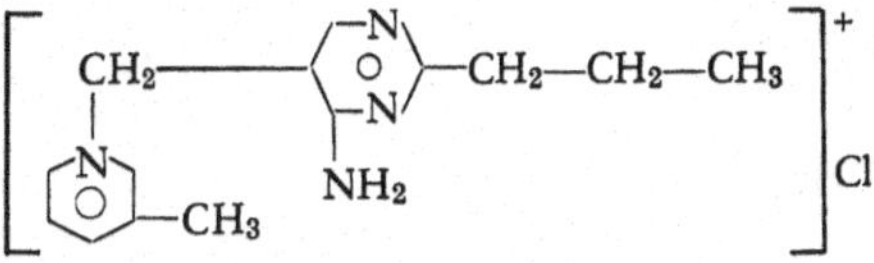

Wirkstoff	*Anwendung*
Decoquinate	bei Masthühnern ohne Altersbegrenzung

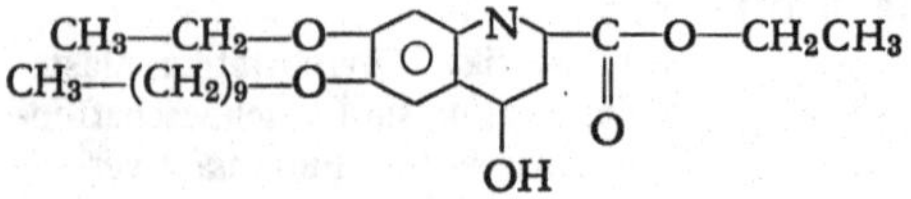

$$CH_3-CH_2-O-$$
$$CH_3-(CH_2)_9-O-$$

(Struktur: Chinolin-Ringsystem mit N, $C-O-CH_2CH_3$, $C=O$, OH)

DOT, Dinitolmid	bei
3,5-Dinitro-o-toluamid	Geflügel bis zur Legereife

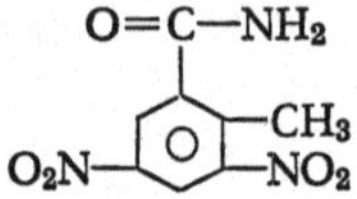

$$O=C-NH_2$$
$$CH_3$$
$$O_2N- \qquad NO_2$$

Weiterhin sind als Coccidiostatica noch in der BRD zugelassen:

Amprolium-Ethopabat
Buquinolat
Methylbenzoquate
Meticlorpindol
Monensin-Natrium
Robenidin.

2.1.7 Antiparasitika

Niclofolan (Menichlopholan)	als Therapeutikum gegen Leberegel (Fasciolizid)

$$Cl \qquad Cl$$
$$NO_2 \quad OH \quad OH \quad NO_2$$

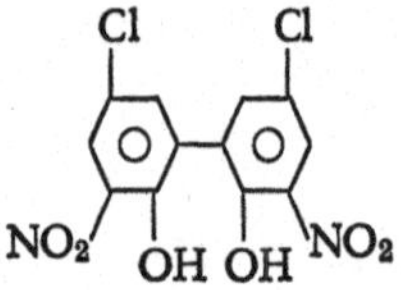

Oxyclozanid	als Therapeutikum gegen Leberegel (Fasciolizid)

$$Cl \quad O \qquad OH \quad Cl$$
$$Cl- \qquad C-NH- $$
$$OH \qquad Cl$$
$$Cl$$

142

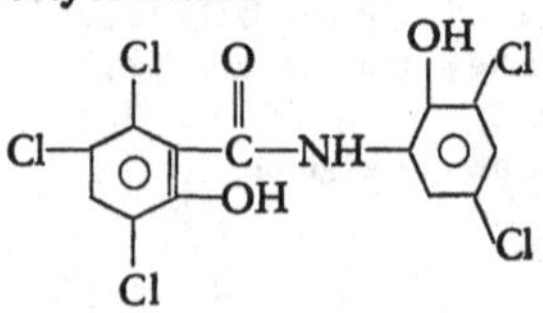

Wirkstoff	Anwendung

Trichlorphon (Metrifonat)

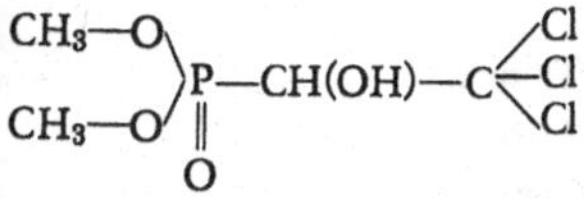

$$CH_3-O \diagdown \underset{\underset{O}{\|}}{P}-CH(OH)-C \diagdown \begin{matrix} Cl \\ Cl \\ Cl \end{matrix}$$

$$CH_3-O \diagup$$

2.1.8. Mittel gegen Wurmerkrankungen

Niclosamid (Masonil)   Therapeutikum

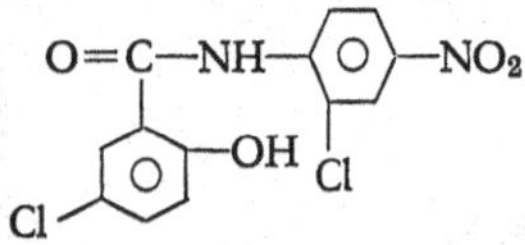

$$O=C-NH-\underset{}{\bigcirc}-NO_2$$

$$\underset{Cl}{\bigcirc}\,\,\,OH\,\,\,Cl$$

2.1.9 Arsenhaltige Mittel

als Therapeutika

Nitarson

bei Durchfallerkrankungen der Schweine; Geflügelkrankheiten; daneben wirken sie wachstumsstimulierend

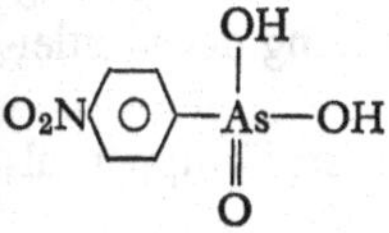

$$O_2N\underset{}{\bigcirc}-\underset{\underset{O}{\|}}{\overset{OH}{As}}-OH$$

2.1.10 Sonstige zugelassene Zusatzstoffe, die als Rückstände auftreten könnten (2)

Antioxydantien
Aethoxyquin

bei allen Tierarten bei allen Alleinfuttermitteln, in Einzelfuttermitteln

$$C_2H_5O-\underset{\underset{H}{N}}{\bigcirc}\overset{CH_3}{\underset{CH_3}{\diagup}}\underset{CH_3}{\overset{CH_3}{\diagdown}}$$

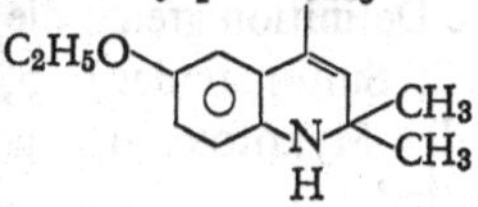

Butylhydroxytoluol (BHT)

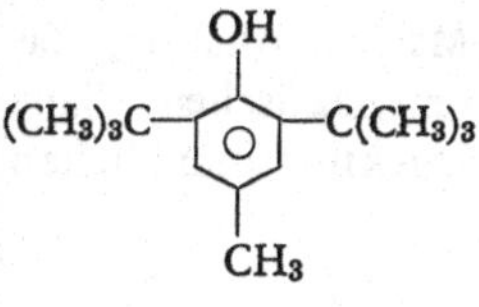

$$(CH_3)_3C-\underset{\underset{CH_3}{}}{\overset{OH}{\bigcirc}}-C(CH_3)_3$$

Wirkstoff	Anwendung
Spurenelemente als Zusatzstoffe	bei
Eisen	allen Tierarten
Jod	allen Tierarten
Kobalt	allen Tierarten
Kupfer	Kälbern, Schafen, Schweinen
Mangan	allen Tierarten
Molybdän	Rindern, Schafen
Selen	Geflügel, Schweinen
Zink	allen Tierarten

2.2 Anwendungszweck (Indikationen) (3, 4, 5)

Der Einsatz von Tierarzneimitteln und Fütterungszusatzstoffen (Wirkstoffen) in der modernen Tierhaltung, die große Veränderungen in Züchtung, Fütterung und Haltung gebracht hat, erfolgt sehr massiv. Drei bedeutende Indikationsgebiete sind beispielsweise Jungtierkrankheiten, Euterentzündungen und die Erhöhung der Mastleistung.

Im einzelnen seien für die Arzneimittel- und Wirkstoffgruppen als Anwendungszwecke (Indikationen) genannt:

2.2.1 Antibiotika/Sulfonamide

Unter einem Antibiotikum versteht man heute eine Substanz, die ursprünglich von lebenden Zellen stammt oder aus ihren Stoffwechselprodukten isoliert wird, die chemisch definiert ist und wachstumshemmend auf pflanzliche und tierische Mikroorganismen wirkt (deshalb auch die Bezeichnung: Hemmstoff). Diese Definition grenzt die Antibiotika von den Chemotherapeutika (z. B. Sulfonamiden) ab, die nicht in der Natur vorkommen, und von den Mykotoxinen, die auch für höhere Pflanzen und/oder Tiere giftig sind.

Beide Stoffklassen werden seit 1944 umfangreich zur Bekämpfung und Vorbeugung von Infektionskrankheiten bei Tieren (und Menschen) angewendet. Dabei liegt infolge der Massentierhaltung das Hauptaugenmerk auf der *vorbeugenden* (prophylaktischen) Gabe therapeutischer Dosen, um das Auftreten von Infektionskrankheiten von vornherein zu verhindern.

144

Neben dieser Anwendung als Arzneimittel ist der Einsatz der Antibiotika als wachstumssteigernde Fütterungszusatzstoffe, vor allem in der Kälber- und Schweinemast, von Bedeutung. Hervorzuheben ist, daß in der BRD (2) zu diesem nutritiven Zweck nur solche Antibiotika zugelassen sind, die entweder praktisch nicht resorbiert werden (Flavophospholipol, Zink-Bacitracin) oder bei denen aus anderen Gründen nicht mit Rückständen gerechnet werden muß (Oleandomycin, Spiramycin).

2.2.2 Glucocorticoide

Glucocorticoide sind Nebennierenrindenhormone, die aufgrund ihrer entzündungshemmenden und antiallergischen Wirkungen gegen Infektionskrankheiten eingesetzt werden. Sie befähigen den Organismus, auf innere und äußere Beanspruchung „Streß" (5) zu reagieren, weshalb sich ihre Anwendung bei folgenden Indikationen anbietet: Schwäche- und Schockzuständen, Verminderung des Transportrisikos, als Wachstumsstimulans.

2.2.3 Hormone und Stoffe mit hormonaler Wirkung

Hormone sind physiologisch hochwirksame Substanzen, die im tierischen Organismus in innersekretorischen Drüsen gebildet und in die Blutbahn abgegeben werden. Sie wirken entfernt vom Entstehungsort und werden nach Erfüllung ihrer Aufgabe abgebaut oder ausgeschieden.

Von Interesse sind hier die Sexualhormone und Stoffe mit gleicher Wirkung, die in der Tierzucht neben ihrer Arzneimittelanwendung wegen ihrer Förderung des Eiweißaufbaus (anabole Wirkung) auch als Masthilfsmittel dienen. Sie beschleunigen den Fleischansatz und führen somit zu einer früheren Schlachtreife (Rind, Schwein, Schaf). Beim Geflügel kommt es nicht zu einer Erhöhung des Fleischansatzes, sondern zu einer verstärkten Fettablagerung im Muskelgewebe. Synthese und Anwendung der Stoffe können so gesteuert werden, daß die anabole Wirkung die sexualhormonale weitgehend verdrängt, so daß diese Mittel als allgemeine Stärkungsmittel deklariert und eingesetzt werden können.

Östrogene und östrogen wirksame Stoffe

Die biologische Wirksamkeit der Stoffe besteht darin, daß sie beim weiblichen Organismus Brunst (Oestrus) hervorrufen. Hauptvertreter der körpereigenen Hormone ist das 17-beta-Östradiol, die wichtigsten künstlichen Stoffe sind das Diäthylstilböstrol (DES) und das Zeranol, ein Mykoöstrogen-Derivat.

Gestagene, besonders Progesteron
Dies sind Hormone, die die Schwangerschaft aufrechterhalten. Der Hauptanwendungszweck der Gestagene in der Tierhaltung liegt in der Brunstsynchronisation, daneben ist auch eine anabole Wirkung vorhanden.

Androgene
Männliche Sexualhormone, wichtigstes Hormon ist das Testosteron mit stark anabolem Effekt.

Zur therapeutischen oder prophylaktischen Anwendung gelangen häufig Kombinationspräparate zur Behandlung entsprechender hormonaler Ausfallerscheinungen. Nach *Karg* (6) ist der Einsatz von Sexualhormonen als Anabolika nur dort sinnvoll, wo — wie bei kastrierten Tieren — ein endogenes Hormondefizit besteht oder — wie bei Jungtieren — die endogene Hormonproduktion ihre maximale Kapazität noch nicht erreicht hat.

2.2.4 Thyreostatika

Unzulässige Anwendung als Masthilfsmittel. Thyreostatika wirken hemmend auf die Funktion der Schilddrüse, dadurch wird der Grundumsatz erniedrigt und eine Gewichtszunahme der Tiere (Wiederkäuer) erreicht.

2.2.5 Psychopharmaka (Tranquilizer, Neuroleptika)

Psychopharmaka sind Arzneimittel, die wegen ihrer beruhigenden, aggressionshemmenden bis deutlich sedierenden Wirkung neben ihrer curativen Anwendung auch ohne Vorliegen einer therapeutischen Indikation eingesetzt werden. Sie dienen zur Beruhigung vor Impfungen, vermindern die Streßbereitschaft und das Transportrisiko. Auf diese Weise werden Verletzungen, ein Herztod sowie eine Verschlechterung der Fleischqualität kurz vor der Schlachtung — besonders bei Schweinen — vermieden. Die Minderung der Fleischqualität zeigt sich in einer verringerten Wasserbindekapazität, weichen Konsistenz und blassen Farbe.
Die Ruhigstellung der Tiere bedingt auch einen besseren Masterfolg.

Dies ist eine ganze Gruppe von Arzneimitteln, die gegen Coccidien wirksam sind. Coccidien sind einzellige Protozoen (Sporentierchen), die als Zellparasiten bevorzugt die Darmschleimhaut, insbesondere des Geflügels und der Kaninchen, befallen und sich seuchenartig ausbreiten können. Da die moderne Geflügelhaltung besondere Gefahren birgt, ist der prophylaktische Einsatz dieser Mittel als Futtermittelzusätze gestattet.

2.2.7 Antiparasitica, insbesondere Fasciolizide

Leberegelpräparate (Fasciolizide) werden gegen die Leberegelseuche bei Rindern in großem Umfang eingesetzt, da der Leberegel in die Gallengänge der Tiere einwandert, die Leber zerstört und so großen Schaden anrichten kann. Die Infektion erfolgt vor allem über Schnecken in feuchten Wiesen.

2.2.8 Mittel gegen Wurmerkrankungen

Alle Nutztierarten sind ständig von derartigen Erkrankungen bedroht. Therapeutische Anwendung derartiger Arzneimittel.

2.2.9 Arsenhaltige Mittel

Arsenhaltige Mittel wirken gegen Durchfallerkrankungen der Schweine und bei gewissen Geflügelkrankheiten; Arsen besitzt eine wachstumsstimulierende Wirkung.

2.3 Rückstandsanalytik

In der Rückstandsanalytik pharmakologisch wirksamer Stoffe sind vor allem biologische (einschließlich biochemische, morphologische) und physikalisch-chemische Nachweis-Methoden eingeführt, wobei zur Zeit die biologischen Verfahren überwiegen. Derartige biologische Methoden sind für Hemmstoffe (Antibiotika/Sulfonamide; Testkeim: Bacillus subtilis BGA), östrogen wirksame Stoffe sowie Thyreostatika in Anlage 4 der Ausführungsbestimmungen A (7) verbindlich vom Gesetzgeber vorgeschrieben; sie sind als Screening-Methoden, die eine „Ja-Nein-Aussage" gestatten, zu werten und relativ unempfindlich, dafür aber einfacher durchführbar. Dem Vorteil, daß diese Nachweise ein breites Spektrum von Wirkstoffen erfassen, stehen als nachteilig das Auftreten evtl. unspezifischer Reaktionen beim Hemmstofftest und das Erfassen der biologischen Östrogenwirksamkeit ohne Berücksichtigung der chemischen Struktur beim „Hormontest" gegenüber.

Beispiele für Nachweisgrenzen der biologischen Methoden:

Chlortetracyclin	10 bis 50 ng,
Oxytetracyclin	100 bis 500 ng,
Chloramphenicol	1 bis 2,5 µg,
Östradiol-17 beta	1 µg,
Diäthylstilböstrol	10 ng.

Bei den biochemischen Verfahren (immunologische Verfahren, Rezeptor-Tests) ist heute der Einsatz der Radioimmunoassay-Methode am weitesten verbreitet.

Verbindliche chemisch-physikalische Methoden konnten bisher noch nicht erarbeitet werden. Dennoch liegen zahlreiche Veröffentlichungen mit dünnschichtchromatographischer (DC), fluorimetrischer, gaschromatographischer (GC) und hochdruckflüssigkeitschromatographischer (HPLC) Analytik vor. Die Verfahren haben bisher noch den Nachteil, daß sie aufwendige und länger dauernde Extraktions- und Reinigungsschritte erfordern. Auch ist nur bei den östrogen wirksamen Stoffen das Erfassen einer Gruppe möglich, und zwar sowohl mit Hilfe der DC als auch der GC (8, 9, 10). Diese Methoden erlauben die spezielle Bestimmung von DES und Zeranol neben den körpereigenen Östrogenen, und sind somit für die Lebensmittelüberwachung besonders wichtig. Die Nachweisgrenzen liegen für die GC und die DC über die Dansylverbindungen durchschnittlich bei 0,01 bis 0,005 mg/kg.

Ein von *Ingerowski* et al. (11) angegebenes Verfahren für Zeranol nennt eine Nachweisgrenze von 0,002 mg Zeranol/kg.

Bezüglich der Antibiotika sei auf eine spezifische fluorimetrische Tetracyclin-Bestimmung verwiesen (12). Nachweisgrenze: 0,5 mg TC/kg.

Für die Thiouracil-Thyreostatika wird von *Wildanger* (13) eine HPLC-Analyse genannt, die als Nachweisgrenze 1 bis 5 µg/kg erreichen soll.

Zur Bestimmung des Psychopharmakons Reserpin steht eine DC-Methode zur Verfügung, die einen Nachweis von 0,01 mg Reserpin/kg deutlich erlaubt (14, 15).

Die Fasciolizid-Rückstandanalytik steckt noch in den Anfängen; wohl sind Einzelnachweise vor allem aus Firmenvorschriften be-

148

kannt, das Ziel ist jedoch auch hier ein gemeinsamer Analysengang für die wichtigsten Mittel (15a).

2.4 Rückstandsproblematik, Toxikologie

Die Rückstände an pharmakologisch wirksamen Stoffen und deren Metaboliten in Lebensmitteln tierischer Herkunft können für den Menschen eine Gefährdung seiner Gesundheit bedeuten, da er ständig unbekannte Mengen arzneilich wirksamer Stoffe (Medikamente) mit der Nahrung aufnimmt. Dabei geht diese Gefahr nicht von der in Einzelfällen erfolgenden curativen Anwendung der Tierarzneimittel durch den Tierarzt aus, sondern von den ständigen Gaben als Masthilfsmittel oder Prophylaktika über einen längeren Zeitraum hinweg, von Einzelgaben kurz vor der Schlachtung (Psychopharmaka) oder von Notschlachtungen sowie von Euterbehandlungsmitteln ohne Einhaltung einer Wartezeit.

Neben dem schon bei den Pesticiden diskutierten Problem, daß die Rückstände (pharmakologisch wirksame Stoffe, Pesticide) und Verunreinigungen (Mykotoxine, toxische Spurenelemente) in Lebensmitteln nicht jeweils für sich isoliert betrachtet werden dürfen, sondern in ihrer belastenden Gesamtheit gesehen werden müssen, wobei heute praktisch noch nichts darüber gesagt werden kann, ob und wie die einzelnen Wirkstoffe oder Wirkstoffgruppen sich in ihrer Wirkung addieren oder gar kumulieren oder evtl. aufheben, muß bei diesen Arzneimittel- und Futtermittelzusatzstoff-Rückständen in ganz besonderem Maße die biologische Wirkung jeder einzelnen Substanz am gesunden und kranken Organismus, am einzelnen Organ und am Gewebe berücksichtigt werden. Erschwerend kommt noch hinzu, daß ein sehr breit gefächertes Spektrum von Stoffen zur Anwendung kommen kann.

Als mögliche gesundheitliche Beeinträchtigungen sind insbesondere Allergien und Resistenzbildungen durch Antibiotika, Cyclusanomalien und Fertilitätsstörungen durch Hormone sowie Leberschäden durch die übrigen Stoffe zu befürchten.

Bei Einhaltung der strengen rechtlichen Regelungen (siehe diese) bezüglich der sachgemäßen Anwendung, der Dosierung und der Wartezeiten ist gewährleistet, daß keine Rückstände in gesundheitlich bedenklicher Menge auftreten. Da aber hinter der Anwendung pharmakologisch wirksamer Stoffe in der Tierhaltung, wie aus den bereits geschilderten Indikationen hervorgeht, neben den tiermedizinischen und tierschützenden Notwendigkeiten massive wirtschaftliche Interessen (Massenhaltung, beschleunigte Schlachtreife, Einsparung von Futtermitteln, Vermeidung von Verlusten durch Krankheit oder Transport, Qualität des Fleisches) stehen, ist allerdings mit dem Vorhandensein eines „grauen Marktes", einer unsachgemäßen Anwendung und der Nichtbeachtung der Wartezeiten zu rechnen. Dies zeigt allein schon das Vorhandensein von Diäthylstilböstrol-Rückständen in Fleisch auch deutscher Provenienz. Mehr als bei den Pesticiden ist bei den pharmakologisch wirksamen Stoffen ein erhebliches Gefälle zwischen Inlandserzeugnissen und Importen zu erwarten, da zum einen die Überwachung wesentlich komplizierter und schwieriger ist, zum anderen die rechtliche Handhabung in den einzelnen Ländern — sei es innerhalb der EG, sei es außerhalb — sehr unterschiedlich erfolgt (Palette der anwendbaren Stoffe, Freiverkäuflichkeit oder Rezeptpflicht der Arzneimittel).

Zu bedenken ist auch, daß die strengeren rechtlichen Regelungen erst in allerjüngster Zeit getroffen wurden (noch in der alten Futtermittel-VO vor dem Juli 1976 waren Tetracycline als Futtermittelzusätze erlaubt!) und Höchstmengen noch nicht festgesetzt wurden. Deren Ermittlung wird zwar nach dem bei den Pesticiden aufgezeigten Schema vorgenommen werden können, die endgültige Festlegung einer Toleranz ist hier aber ungleich schwieriger, da zusätzliche Parameter berücksichtigt werden müssen, z. B.:

1. Unterscheidung körpereigene — körperfremde Substanzen,
2. Unterschiedliche Affinität eines Wirkstoffs zu den verschiedenen Geweben und Organen,
3. Wechselnde Eliminationsraten,
4. Unterschiedliche Rückstandsmengen bedingen unterschiedliche toxische Wirkungen,
5. Berücksichtigung der vergleichbaren therapeutischen Dosis in der Humanmedizin,
6. Art und möglicher Kontaminationsgrad des Lebensmittels (Milch, Fleisch, Innereien),
7. Individuelle Toleranz der Menschen gegenüber einem Pharmakon.

Als weitere Probleme für die Rückstandsbeurteilung erweisen sich die verschiedenen Applikationsarten, die galenischen Zubereitungsformen sowie die unterschiedlichen Applikationsstellen (orale Gabe, Injektion, Implantat; Muskel, Klauenspalte, Ohrgrund), da dadurch die unterschiedlichsten Rückstandswerte je nach Gewebe oder Organ auftreten können, vor allem aber kann es bei Implantaten, die an zum Verzehr bestimmten Stellen eingepflanzt worden sind, zu beträchtlichen Rückständen kommen. Deshalb muß gefordert werden, daß pharmakologisch wirksame Stoffe an nicht zum Verzehr bestimmten Stellen (Klauenspalten, Ohrgrund) eingepflanzt werden müssen und die Präparate augenfällig und dauerhaft zu markieren (Farbstoffe) sind.

Eventuell vorhandene Antibiotika/Sulfonamid-Rückstände stellen aber auch ein lebensmitteltechnologisches Problem dar, da sie die auf mikrobielle Reifung angewiesenen Produktionszweige (Molkerei: Joghurt, Sauermilch, Käse; Fleischverarbeiter: Rohwurstherstellung) gefährden können.

Problematisch ist die Anwendung pharmakologisch wirksamer Stoffe auch bei Legehühnern, da die Einhaltung einer Wartezeit für Eier praktisch kaum möglich ist. Daß dann aber mit Rückständen zu rechnen ist, zeigen die Tetracyclin-Modelluntersuchungen von *Anhalt* et al. (16).

Falls eine Anabolika-Anwendung bei Geflügel erfolgen sollte, sind Implantate am Hals möglich.

Die DFG veröffentlichte vor kurzem eine Bewertung der Rückstände in Fleisch und Fleischerzeugnissen sowie in Geflügel und Eiern (17, 18).

Angaben zu einzelnen Stoffgruppen:

Antibiotika/Sulfonamide
Die mögliche Beeinträchtigung der menschlichen Gesundheit durch Antibiotika/Sulfonamid-Rückstände liegt in der Gefahr der Resistenzbildung durch die häufige, unkontrollierte Aufnahme unterschwelliger Dosen, besonders solcher Mittel mit breitem Wirkungsspektrum (Breitband-Antibiotika), so daß der Patient bei lebensbedrohenden Infektionskrankheiten auf diese Mittel nicht mehr anspricht (siehe Säuglings- und Kleinkindersterben in Großbritannien bei Lungenentzündung). Grundsätzlich sollten daher in der Tierhaltung als Fütterungsantibiotika nur solche Stoffe Verwendung finden, die weder in der Human- noch in der Veterinärmedizin eingesetzt werden.

Daneben ist vor allem bei Penicillin und Streptomycin mit dem Auftreten von Allergien zu rechnen.

Penicilline: Biologische Halbwertzeit (BHZ): 30–60 min. Sie werden rasch resorbiert, zeigen geringe Toxicität und wenig resistenzsteigernde Wirkung, dafür aber aber häufig allergische Reaktionen.

Streptomycin: BHZ $2\frac{1}{2}$ h; wird parenteral rasch resorbiert, schnelle Resistenzentwicklung, ruft allergische Reaktionen hervor.

Chloramphenicol: BHZ 2–3 h; wird rasch resorbiert.

Tetracycline: BHZ 5–10 h; wird rasch resorbiert, sonst wenig toxisch, wichtigste Nebenwirkung: Schädigung der physiologischen Bakterienflora.

Makrolide: BHZ 2–3 h; werden rasch resorbiert.

Sonstige Antibiotika (Polypeptid-Komplexe): sind weitgehend unresorbierbar.

Schlachttieren eingespritzt, können Antibiotika dem Schlachtfleisch ein besseres Aussehen verleihen und gleichzeitig konservierend wirken.

Hormonwirksame Stoffe

Bei der Beurteilung des Rückstandsverhaltens von Stoffen mit hormonaler Wirkung ist zunächst zwischen körpereigenen (biogenen) Hormonen und körperfremden hormonwirksamen Stoffen zu unterscheiden (3, 19): Die körpereigenen Hormone weisen kurze BHZ auf (Östradiol-17 beta: 1 h, Testosteron: 4 min in Blut) und sind oral wenig wirksam, so daß eine Gefährdung des Verbrauchers nicht gegeben sein dürfte.

Weit ungünstiger ist das Diäthylstilböstrol (DES) zu beurteilen, das wegen seiner hohen Östrogen-Aktivität (bei parenteraler Gabe 10-fach, bezogen auf Östradiol-17 beta), der starken oralen Wirksamkeit sowie wegen seiner langen Verweildauer im Körper (eine bis mehrere Wochen), bedingt durch einen enterohepatischen Kreislauf (19), eine beträchtliche Gefahr darstellt, denn erst kürzlich hat die Arzneimittelkommission der Deutschen Ärzteschaft auf die carcinogene und teratogene Wirkung des DES hingewiesen (20). Bei der hohen Stabilität der Substanz muß auch an eine Kontamination pflanzlicher Erzeugnisse oder des Wassers beim Ausbringen von Jauche gedacht werden.

Über den Metabolismus des verwendeten Anabolikums Zeranol ist noch wenig bekannt; es ist jedoch ebenfalls über mehrere Wochen nachweisbar.

Der Stoffwechsel von Diäthylstilböstrol beim Rind ist nachstehend dargestellt (19):

152

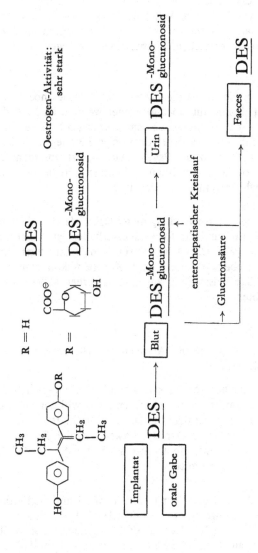

Abb. 9: Stoffwechsel von Diäylstilböstrol beim Rind

Thyreostatika

Die als Masthilfsmittel verwendeten Thiouracile (21) werden rasch resorbiert, in die Gewebe transportiert und schnell abgebaut. Neben einer evtl. thyreostatischen Wirkung der Rückstände sind vor allem aber die Abbauprodukte von Interesse, denn sofern hierbei Thioharnstoff-Derivate entstehen, könnte eine carcinogene Wirkung gegeben sein.

Psychopharmaka

Als Rückstandsbildner wurden diese Stoffe bisher noch zu wenig beachtet, mit ihnen muß aber gerechnet werden, da nach der Anwendung bis zur Entfernung aus dem Körper ein bis zwei Tage vergehen, die Schlachtung aber schon wenige Stunden nach der Gabe erfolgt (3). Der Einsatz der Psychopharmaka ist außerdem deshalb bedenklich, weil damit das Erkennen kranker Tiere bei der Schlachttierbeschau nahezu unmöglich gemacht wird.

Glucocorticoide

Über die Breite der Anwendung dieser Nebennierenrindenhormone in der Tierhaltung und ihr Rückstandsverhalten ist bisher nur sehr wenig bekannt (22). Da sie in der Humanmedizin wegen ihrer beträchtlichen Nebenwirkungen und Kontraindikationen nur bei strengster Indikationsstellung angewandt werden sollen, ist größte Vorsicht geboten.

2.5 Rechtliche Regelungen (Arzneimittelrecht, Futtermittelrecht, Lebensmittelrecht)

Um den Verbraucher vor Rückständen pharmakologisch wirksamer Stoffe in Lebensmitteln tierischer Herkunft wirksam schützen zu können, bedarf es eindeutiger, umfassender und strenger rechtlicher Regelungen sowohl auf Seiten der Anwendung der Tierarzneimittel und Futtermittelzusatzstoffe als auch auf Seiten der Herstellung und des Importes der Lebensmittel.

Arzneimittelrecht

Maßgebend auf dem Gebiet der Tierarzneimittel sind die Bestimmungen des Arzneimittelgesetzes von 1961 (AMG 1961) (23), ab 1.1.78 die des AMG 1976 (24). Danach sind als Arzneimittel Stoffe und Zubereitungen aus Stoffen definiert, die dazu bestimmt sind durch Anwendung am oder im menschlichen oder tierischen Körper

154

1. die Beschaffenheit, den Zustand oder die Funktion des Körpers oder seelische Zustände erkennen zu lassen oder zu beeinflussen,
2. vom menschlichen oder tierischen Körper erzeugte Wirkstoffe oder Körperflüssigkeiten zu ersetzen oder
3. Krankheitserreger, Parasiten oder körperfremde Stoffe zu beseitigen oder unschädlich zu machen.

Bei Arzneimitteln, die zur Anwendung bei Tieren bestimmt sind, die der Gewinnung von Lebensmitteln dienen, muß die vom Bundesgesundheitsamt (BGA) festgesetzte Wartezeit auf den Behältnissen angegeben werden. Unter Wartezeit versteht man die Zeitdauer, die bei bestimmungsgemäßer Anwendung pharmakologisch wirksamer Stoffe vergehen muß, um sicherzustellen, daß bis zur Schlachtung und/oder im zu gewinnenden Lebensmittel keine gesundheitlich bedenklichen Rückstände mehr vorhanden sind. Ist die Einhaltung einer Wartezeit nicht erforderlich, so ist dies auf der Arzneimittelpackung anzugeben. Ansonsten gilt eine pauschale Wartezeit von mindestens 5 Tagen.

Bedeutsam ist auch, daß auf der Verpackung eines Tierarzneimittels das vom BGA anerkannte Anwendungsgebiet (Indikation) angegeben werden muß.

Beim Umgang mit Fütterungsarzneimitteln (Arzneimittelvormischungen mit Mischfuttermitteln), die als solche gekennzeichnet sein müssen, kommt dem Tierarzt eine besondere Aufsichtspflicht zu.

Futtermittelrecht

Futtermittelgesetz (25) und Futtermittel-VO (2) regeln insbesondere auch die Zulassung von Zusatzstoffen zu Futtermitteln. In der VO sind u. a. auch Höchstgehalte für Fütterungsantibiotika und Zusatzstoffe zur Verhütung bestimmter, verbreitet auftretender Krankheiten von Tieren (Coccidiose, Schwarzkopfkrankheit) festgelegt sowie Kennzeichnungsvorschriften, Abgabebeschränkungen und Fütterungsbeschränkungen (Altersgrenzen, Wartezeit) angegeben. Eine umfangreichere Liste von Futtermittelzusatzstoffen enthält die EG-Richtlinie vom 23. November 1970 über Zusatzstoffe in der Tierernährung (26).

Lebensmittelrecht

Der im AMG 1961, AMG 1976 und Futtermittelrecht verankerte Schutz des Verbrauchers vor Rückständen derartiger Stoffe wird naturgemäß im Lebensmittelrecht noch verstärkt:

Bestimmungen nach dem Lebensmittel- und Bedarfsgegenständegesetz (LMBG) (27)

§ 15 LMBG verbietet das Inverkehrbringen von Lebensmitteln tierischer Herkunft, die Rückstände an pharmakologisch wirksamen Stoffen oder Umwandlungsprodukten über die festgesetzten Höchstmengen hinaus enthalten. Festzuhalten ist, daß es bisher noch keine solche Höchstmengen-VO gibt. Grundsätzlich sind vom Tier gewonnene Lebensmittel nur dann verkehrsfähig, wenn die bei Registrierung (Arzneimittel) oder Zulassung (Futtermittelzusatz) festgesetzten Wartezeiten eingehalten wurden. Eventuell auftretende Lücken sollen durch die im AMG 1961 schon erwähnte pauschale Wartezeit von 5 Tagen geschlossen werden. Weitere, den Schutz des Verbrauchers verstärkende Regelungen enthält die VO über Stoffe mit pharmakologischer Wirkung (28), die die Anwendung einer Reihe von Stoffen am Tier einschränkt oder ganz verbietet. Für eine Reihe von Stoffklassen (Eiweiß, Kohlehydrate, Fette, Vitamine, Mineralstoffe und Spurenelemente) oder aus anderen Gründen (Rückstände, die physiologisch in gleicher Menge in gleichartigen Lebensmitteln vorkommen; Rückstände unter 0,01 mg/kg) sind auch Ausnahmen von der Wartezeit-Regelung zu machen, siehe dazu VO über Ausnahmen von der Wartezeit (28a).

Wie bei den Pesticid-Rückständen, so gilt auch für diese Art Rückstände das Verbot des § 14 (1) Nr. 4 LMBG, wonach Lebensmittel, die derartige Rückstände aufweisen, nicht als „natürlich", „naturrein", „frei von Rückständen" u. ä. bezeichnet werden dürfen.

Neben den umfassenden lebensmittelrechtlichen Bestimmungen für Lebensmittel tierischer Herkunft (Fleisch und Fleischerzeugnisse, Fische, tierische Fette, Milch und Milcherzeugnisse, Eier) existiert noch ein spezielles Fleischrecht.

Spezielles Fleischrecht

In diesem Spezialrecht werden umfangreiche und aufwendige Maßnahmen zum Schutz des Verbrauchers u. a. auch vor Rückständen pharmakologisch wirksamer Stoffe getroffen. Genannt seien vor allem:

Das Fleischbeschaugesetz (29), die Ausführungsbestimmungen A (7), die Mindestanforderungen-VO (30), die Einfuhruntersuchungs-VO (31), das Geflügelhygienegesetz (32) sowie die Geflügeluntersuchungs-VO (33).

In diesen rechtlichen Bestimmungen werden die Prüfung insbesondere auf Rückstände an Hemmstoffen (Antibiotika, Sulfonamide), östrogen wirkenden Stoffen, Thyreostatika und die dabei anzuwendenden Verfahren (mikrobiologische und biologische) zwingend vorgeschrieben sowie die Stichprobenzahlen genannt. Bezüglich der Psychopharmaka-Anwendung ist hervorzuheben, daß der Tierarzt im Verdachtsfall einen Schlachtaufschub von 24 h anzuordnen hat.

2.6 Rückstände in Lebensmitteln

Fleisch: Bezüglich der Antibiotika-Rückstände (Hemmstoffe) liegt für das Jahr 1974 eine Übersicht für das ganze Bundesgebiet vor (34):

Tab. 19: Untersuchungen auf Hemmstoffe – Stichproben, Verdachtproben und Hemmstoffuntersuchungen im Rahmen der bakteriologischen Fleischuntersuchung

	ins-gesamt	Muskel u. Niere positiv	Niere allein positiv	Muskel allein positiv
Anzahl der Rinder über 6 Wochen alt	57 356	817 = 1,42%	4 029 = 7,02%	23 = 0,04%
Anzahl der Rinder unter 6 Wochen alt	10 349	598 = 5,77%	1 345 = 12,99%	17 = 0,16%
Anzahl der Schweine	93 426	936 = 1,0 %	11 052 = 11,82%	93 = 0,09%
Anzahl der sonstigen Tiere	2 086	29 = 1,39%	151 = 7,23%	1 = 0,04%
Zusammen	163 217	2380 = 1,46%	16 577 = 10,02%	134 = 0,08%

Nachdem bis 1972/1973 nicht selten östrogen wirksame Stoffe nachgewiesen werden konnten, besserte sich die Situation anschließend, wie nachstehendes Beispiel für Untersuchungen bei Geflügel, Kalb, Rind und Schwein (Fleisch, Leber, Niere) zeigt (35):
Untersuchte Proben 1973 bis 1975: 250; in keinem Fall waren Rückstände nachweisbar.
Dagegen sei auf die Ergebnisse für 1976 hingewiesen (36):

Kalb	203	östrogenwirksame Stoffe nachweisbar	7
Schwein	33		0
Geflügel	10		0
Gesamt	246		7

Von diesen 7 positiven Proben wiesen 4 Gehalte unter 0,01 mg DES/kg, 2 unter 0,025 mg DES/kg auf, 1 Probe dagegen sogar 1,03 mg DES/kg.

Bei 199 Proben (fast ausschließlich Kalbfleisch) war Zeranol nicht nachweisbar. Dem steht ein Befund von *Ingerowski* et al. (37) gegenüber, wonach von 36 Kalbfleischproben 6 nachweisbare Rückstände an Zeranol zwischen 140 µg/kg und 1,98 mg/kg enthielten.

Für Thyreostatika sind zwar zahlreiche Arbeiten über Fütterungsversuche bekannt, aber keine Rückstandsdaten aus der Überwachung.

Eine Prüfung auf Psychopharmaka-Rückstände dürfte nur ganz vereinzelt vorgenommen werden, hierzu liegen nur Daten über Reserpin-Untersuchungen vor (36): In 85 Leberproben von Schweinen und Rindern war Reserpin nicht nachweisbar.

Milch: Hemmstoffe (Antibiotika/Sulfonamid): Nach Einführung des Hemmstoff-Tests in der BRD (1973/74) konnte ein Absinken des Anteils antibiotikahaltiger Milchproben unter 0,5% festgestellt werden (34).

Über Rückstände anderer pharmakologisch wirksamer Stoffe liegen keine Ergebnisse vor.

Eier: Rückstandsdaten sind nicht bekannt geworden.

Insgesamt läßt sich feststellen: Die rechtlichen Maßnahmen zum Schutz des Verbrauchers wurden inzwischen so verstärkt, daß bei ordnungsgemäßer therapeutischer, prophylaktischer und nutritiver Anwendung pharmakologisch wirksamer Stoffe und Einhaltung der Wartezeiten keine gesundheitlich bedenklichen Rückstände befürchtet zu werden brauchen. Da aber sowohl innerhalb der EG als auch in Drittländern andere Regelungen gelten und mit nicht ordnungsgemäßer Anwendung derartiger Stoffe gerechnet werden muß, ist es erforderlich, die Untersuchungsverfahren auszubauen und den Untersuchungsumfang wesentlich zu erweitern.

Literatur

1. Pharmazeutische Stoffliste, 4. Ausgabe der ABDA (Frankfurt a. Main).
2. Futtermittelverordnung vom 16. 6. 1976 (BGBl. I S. 1497).
3. DFG-Forschungsbericht: Rückstände in Fleisch und Fleischerzeugnissen (Boppard 1975).
4. *Auterhoff, H.*, Lehrbuch der pharmazeutischen Chemie (Stuttgart 1972).
5. *Mutschler, E.*, Arzneimittelwirkungen (Stuttgart 1970).

6. *Karg, H.*, Der Tierzüchter **16**, 805 (1964) und Z. analyt. Chem. **243**, 630 (1968).
7. Ausführungsbestimmungen A über die Untersuchung und gesundheitspolizeiliche Behandlung der Schlachttiere und des Fleisches im Inland-AB. A. – i. d. F. vom 2. 9. 1975 (BGBl. I S. 2313).
8. *Heffter, A.*, et al., Dtsch. Lebensm. Rdsch. **68**, 323 (1972).
9. *Dvir, R.*, und *R. Chayen*, J. Chromatogr. **45**, 76 (1969).
10. *Höllerer, G.* und *D. Jahr*, Z. Lebensm.Unters. u. – Forsch. **57**, 65 (1975).
11. *Ingerowski* et al., Z. Lebensm.Unters. u.–Forschg. **157**, 189 (1975).
12. *Honikel, K.O.* und *H. Hambloch*, Z. Lebensm. Unters. u.–Forschg. **160**, 337.
13. *Wildanger, W.*, MittBl. GDCh-Fachgruppe Lebensmittelchem. u. gerichtl. Chem. **29**, 345 (1975).
14. *Tripp* et al., Life Science **16**, 1167 (1975).
15. *Schirmer, R. E.*, Analytical Profiles of Drug Substances, **4**, (New York 1975).
15a. *Meemken, H.-A.*, et al., Rückstandsuntersuchungen von Fascioliziden im Pesticidlabor, Referat beim Deutschen Lebensmittelchemikertag 1976.
16. *Anhalt, G.*, et al., Archiv für Lebensmittelhygiene **27**, 201 (1976).
17. DFG-Kommission zur Prüfung von Rückständen in Lebensmitteln, Mitteilung II (Boppard 1976).
18. DFG-Kommission zur Prüfung von Rückständen in Lebensmitteln, Mitteilung III (Boppard 1977).
19. *Schultz, G.*, und *E. Grunert*, Zur Beurteilung der Rückstandssituation bei Anwendung von Östrogenen und anderen Stoffgruppen mit anaboler Wirkung beim Tier. Übers. Tierernährung **2**, 111 (1974).
20. Arzneimittelkommission der Deutschen Ärzteschaft: Dtsch. Apotheker Ztg. **117 (4)** 152 (1977).
21. DFG-Kommission zur Prüfung von Rückständen in Lebensmitteln: Mitteilung IV (Boppard 1977).
22. *Grossklaus, D.*, Rückstände im Fleisch. BGesundhBl. **14**, 205 (1971).
23. Arzneimittelgesetz vom 16. 5. 1961 (AMG 1961) (BGBl. I S. 553) i. d. F. des ÄndGes vom 5. 6. 1974 (BGBl. I S. 1245) und des FuttermittelGes. vom 2. 7. 1975 (BGBl. I S. 1745).
24. Gesetz zur Neuordnung des Arzneimittelrechts (AMG 1976) vom 24. 8. 1976 (BGBl. I S. 2445).
25. Futtermittelgesetz vom 2. 7. 1975 (BGBl. I S. 1745).
26. Fünfzehnte Richtlinie der Kommission vom 21. 6. 1976 zur Änderung der Anhänge der Richtlinie des Rates vom 23. 11. 1970 über Zusatzstoffe in der Tierernährung (76/603/EWG) (ABl. Europ. Gemeinsch. Nr. L 198/10 vom 23. 7. 1976).
27. Lebensmittel- und Bedarfsgegenständegesetz vom 15. 8. 1974 (BGBl. I S. 1945).
28. Verordnung über Stoffe mit pharmakologischer Wirkung vom 3. 8. 1977 (BGBl. I S. 1479).
28. Verordnung über Ausnahmen von der Wartezeit vom 2. 1. 1975 (BGBl. I S. 124).
29. Fleischbeschaugesetz vom 29. 10. 1940 i. d. F. vom 2. 9. 1975 (BGBl. I S. 2313).

30. Mindestanforderungen-Verordnung vom 11. 11. 1974 (BGBl. I. S. 3165).
31. Einfuhruntersuchungsverordnung i. d. F. vom 20. 1. 1975 (BGBl. I S. 282) (Auslandsfleisch-VO).
32. Geflügelhygienegesetz i. d. F. vom 25. 2. 1976 (BGBl. I S. 385).
33. Geflügelfleischuntersuchungs-Verordnung i. d. F. vom 12. 7. 1976 (BGBl. I S. 1795).
34. Deutsche Gesellschaft für Ernährung (DGE): Ernährungsbericht 1976 (Frankfurt a. Main).
35. Chemische Landesuntersuchungsanstalt Karlsruhe: Jahresberichte 1973 bis 1975.
36. Chemische Landesuntersuchungsanstalt Karlsruhe: Jahresbericht 1976.
37. *Ingerowski* et al., Dtsch. Lebensm. Rdsch. 72, 126 (1976).

Sachverzeichnis

163

UTB

Uni-Taschenbücher GmbH
Stuttgart

DR. DIETRICH STEINKOPFF VERLAG · DARMSTADT